Universale Formel

des Universums

Einstein hat doch nicht recht!

von

Gerhard Gorek

 Gerhard Gorek, Jahrgang 1957, ist Vater von drei Kindern und wohnt in Hessen. Er hat Physik und Mathematik studiert und befasst sich in seiner Freizeit intensiv mit philosophischen und physikalischen Themen.

Bibliografische Informationen der Deutschen Bibliothek
Die Deutsche Bibliothek verzeichnet diese Publikation in der
Deutschen Nationalbibliografie;
detaillierte bibliografische Daten sind im Internet über
http://dnb.ddb.de abrufbar.

1. Auflage: Juli 2017

Copyright:
Gerhard Gorek, Am Pfaffenstein 10, 61130 Nidderau

Herstellung und Verlag:
BoD - Books on Demand, Norderstedt

ISBN 9783744821728

Gewidmet
allen
Wissenschaftlern,
die sich mit
Gedanken
zur
Weltformel
befassen

Inhalt

Vorwort

Die vorliegende Niederschrift soll dem Leser möglichst einfache Einsicht in die modifizierte Physik vermitteln.

In der Abhandlung sind Fragen beantwortet, die sich schon viele Wissenschaftler gestellt haben und auf welche es bis jetzt keine Antworten gibt. Fragen, wie der Zusammenhang zwischen Gravitation, Magnetismus und Trägheit, die Entstehung des Raumes usw. Physikgebiete, die ineinandergreifen und eine Einheit bilden, durch die in der Natur gegebenen Wechselwirkungen.

Ich habe mir größte Mühe gegeben, die Hauptgedanken möglichst deutlich und einfach vorzubringen. Das Buch erfordert ziemlich viel Geduld und Willenskraft beim Lesen, insbesondere wegen der Mathematik, die ich zur Beweisführung kontinuierlich eingebunden habe. Oft habe ich mich dabei wiederholen müssen, um die Deutlichkeit der Darstellung zu verbessern oder zu vertiefen.

Die Abfassung setzt sich aus drei Teilen zusammen, die zu einem einheitlichen Ganzen führen.

Ich wünsche Ihnen, dem Leser, dem Forscher, dem Wissenschaftler, bei der Lektüre eine angenehme und gedanklich anregende Zeit.

Gerhard Gorek, Juli 2017

P.S. Sollten Ihnen Passagen des Buches unklar oder scheinbar unschlüssig sein und Fragen auftauchen, dürfen Sie mich gerne kontaktieren.

Teil 1

Wege, die zur neuen
modifizierten Physik führen

Kapitel 1

Über die Bildung des Schwerfeldes und chemischer Elemente

Aus dem Periodensystem der Elemente ist zu entnehmen, dass die chemischen Elemente nach steigendem Gewicht sortiert sind, der sogenannten relativen Atommasse. Angefangen von Wasserstoff (1.0079) bis hin zu schweren, radioaktiven Elementen, wie z.B. Lawrencium (Lr-257).

So wie sich das Gewicht der Elemente ändert, verändert sich auch das Gravitationsspektrum (Intensität). Die atomare Struktur und die physikalischen Eigenschaften der Elemente wollen wir zunächst außer Acht lassen.

Dem steigenden Gewicht (Masse) der chemischen Elemente folgt die sinkende Dichte des Gravitationsfeldes. Dass sich die Intensität des Schwerfelds ändert, sehen wir beim freien Fall beliebiger Gegenstände Richtung Erde. Bis jetzt wurde behauptet, dass die Erde Masse besitzende Gegenstände anzieht. Aber in Wirklichkeit werden alle Gegenstände von der feldgrößeren Energiedichte zur feldkleineren Energiedichte abgestoßen (N -> M -> L -> K). So entsteht Raum (siehe Teil 3, Kapitel 1), in welchem sich Materie bewegen kann.

In diesem Stadium unserer Überlegungen kommen wir zu der newtonschen Version von der Anziehungskraft zweier Massen.

Nach dem Gravitationsgesetz von Newton gilt:

$$F_G = G \frac{M_1 \times M_2}{r^2}$$

Die Gravitationskraft ist direkt proportional zu den Massen zweier Körper und umgekehrt proportional zu ihren Entfernungen.

Das ist nicht zu vereinbaren, mit meiner Version bei der Entstehung Materie - Energie - Gravitation.

Eine andere Auffassung die A. Einstein präsentiert: bei ihm kommt die Einwirkung der Erde auf einen Gegenstand indirekt zustande.

Die Erde erzeugt in ihrer Umgebung ein Gravitationsfeld. Dieses wirkt auf die Gegenstände und veranlasst seine Fallbewegung. Die Stärke der Einwirkung auf einen Körper nimmt ab, wenn man sich mehr und mehr von der Erde entfernt.

Die Erde selbst erzeugt kein Gravitationsfeld (nicht wie Einstein behauptet), sondern die Ursache der Gravitation sind die entstandenen „Energiestufen" bei der Materiebildung:

Intensität des Schwerfeldes

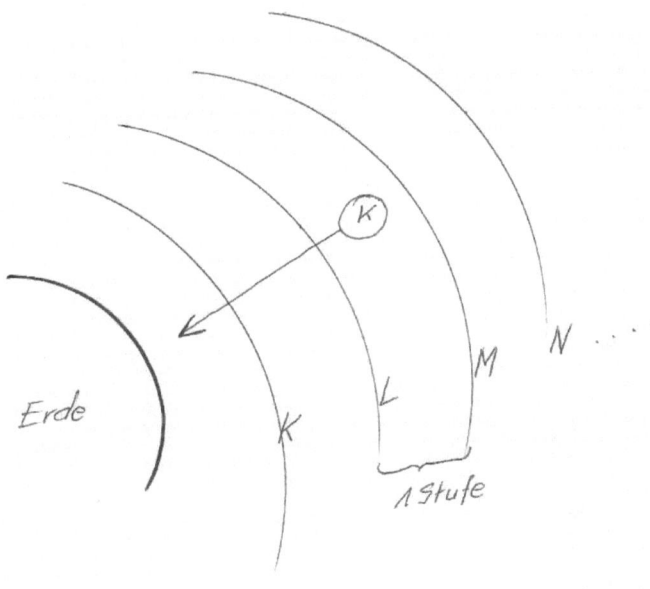

$N \rightarrow M \rightarrow L \rightarrow K \ldots \ldots \Delta E = h\nu$

Das ist auch der Grund, warum man das Gravitationsfeld nicht abschirmen kann, wie das zum Beispiel bei magnetischen Feldern möglich ist. Jeder Planet, auch unsere Erde, ist durch Verdichtung der Energie entstanden (Eiretam) $E = mc^2$ (Gleichwertigkeit, Masse und Energie).

Beim Verdichten entsteht einerseits ein verändertes Gravitationsfeld (Stufen oder Intensität) sowie andererseits veränderte Materiedichte (Gewicht chemischer Elemente).

Die sinkende „Stärke" des Gravitationsfeldes entspricht der wachsenden Materiedichte. Ein Beispiel dafür ist, dass man Materie zu Energie umwandeln kann, ist gleich Anihilation, wo zwei Elementarteilchen aufeinanderprallen.

Elektron — Poziton

Graphische Darstellung
Gravitationsfeld – Chemische Elemente

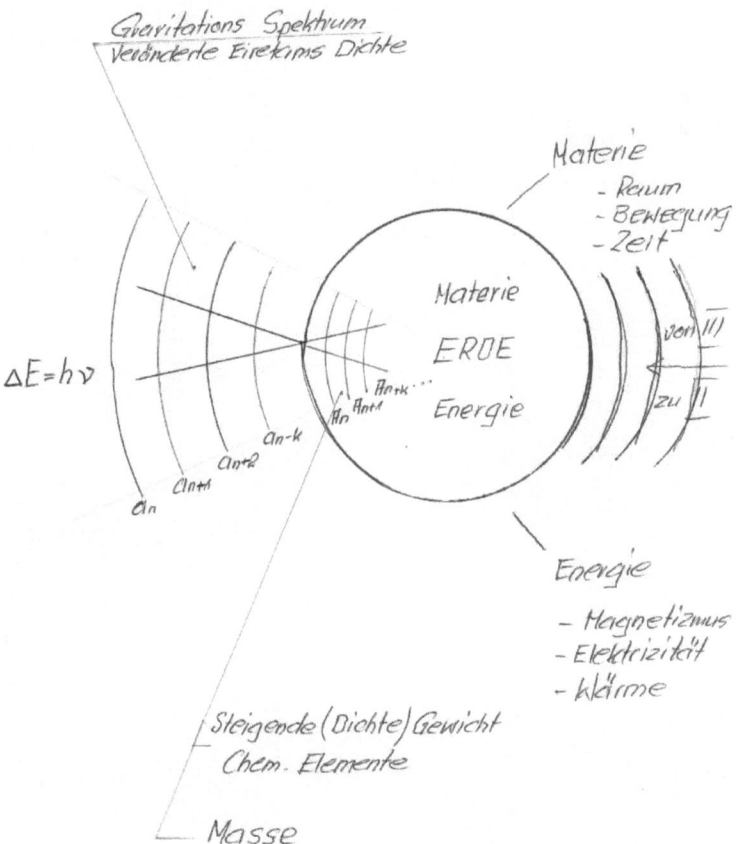

Gravitations Spektrum
Veränderte Einsteins Dichte

Materie
- Raum
- Bewegung
- Zeit

Materie
ERDE
Energie

$\Delta E = h \nu$

von III)
zu II

Energie
- Magnetismus
- Elektrizität
- Wärme

Steigende (Dichte) Gewicht
Chem. Elemente

Masse

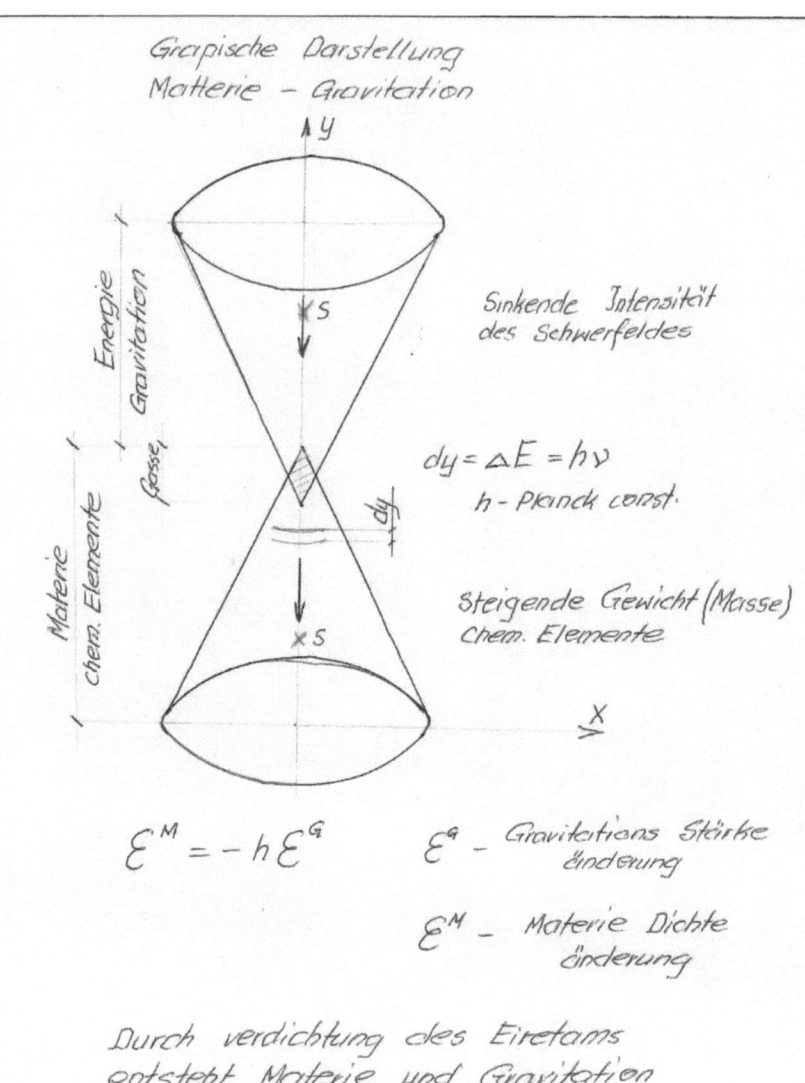

Grapische Darstellung
Matterie - Gravitation

Sinkende Intensität
des Schwerfeldes

$$dy = \Delta E = h\nu$$
h - Planck const.

Steigende Gewicht (Masse)
chem. Elemente

$$\mathcal{E}^M = -h\,\mathcal{E}^G$$

$\mathcal{E}^G$ - Gravitations Stärke
änderung

$\mathcal{E}^M$ - Materie Dichte
änderung

Durch verdichtung des Eiretams
entsteht Materie und Gravitation

Das Gravitationsfeld (Newtonschesfeld) ist ein Potenzialfeld, in welchem die Kraft F in einem beliebigen Punkt A umgekehrt ist zur quadratischen Entfernung von einem Punkt O, in dem sich eine Masse m befindet, die übrigens auf dem Fahrstrahl A - O liegt.

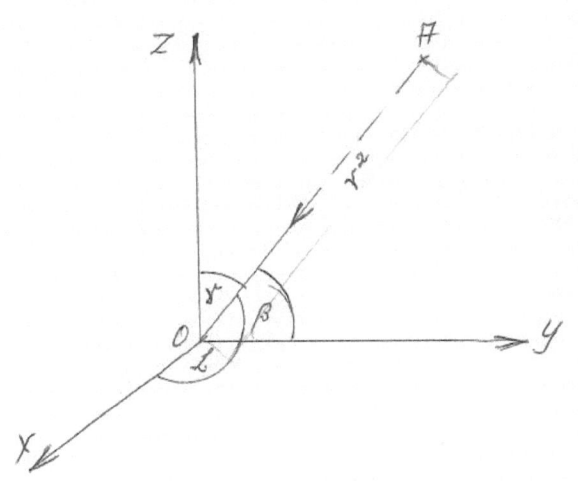

$$A(x, y, z)$$

Entfernung A von $O - r^2$

dann $r^2 = x^2 + y^2 + z^2$

$$r = \sqrt{x^2 + y^2 + z^2}$$

F in Punkt A $\quad F = \dfrac{m}{r^2}$

$$F_x = F\cos\angle \quad , \quad \cos\angle = -\frac{x}{r}$$

$$F_y = F\cos\beta \quad , \quad \cos\beta = -\frac{y}{r}$$

$$F_z = F\cos\gamma \quad , \quad \cos\gamma = -\frac{z}{r}$$

skalare Komponente von F

$$F_x = \frac{m}{r^2}\left(-\frac{x}{r}\right) = -\frac{mx}{r^3}$$

$$F_y = -\frac{my}{r^3}$$

$$F_z = -\frac{mz}{r^3}$$

Potentialfeld

$$\varphi(x,y,z) = \frac{m}{r} = m\left(x^2+y^2+z^2\right)^{-\frac{1}{2}}$$

$$\frac{\partial\varphi}{\partial x} = -\frac{1}{2}m\left(x^2+y^2+z^2\right)^{-\frac{3}{2}}2x = -\frac{mx}{r^3} = F_x$$

$$\frac{\partial\varphi}{\partial y} = -\frac{1}{2}m\left(x^2+y^2+z^2\right)^{-\frac{3}{2}}2y = -\frac{my}{r^3} = F_y$$

$$\frac{\partial\varphi}{\partial z} = -\frac{1}{2}m\left(x^2+y^2+z^2\right)^{-\frac{3}{2}}2z = -\frac{mz}{r^3} = F_z$$

F ist ein Gradiant von Funktion φ

$$F = grad\ \varphi$$

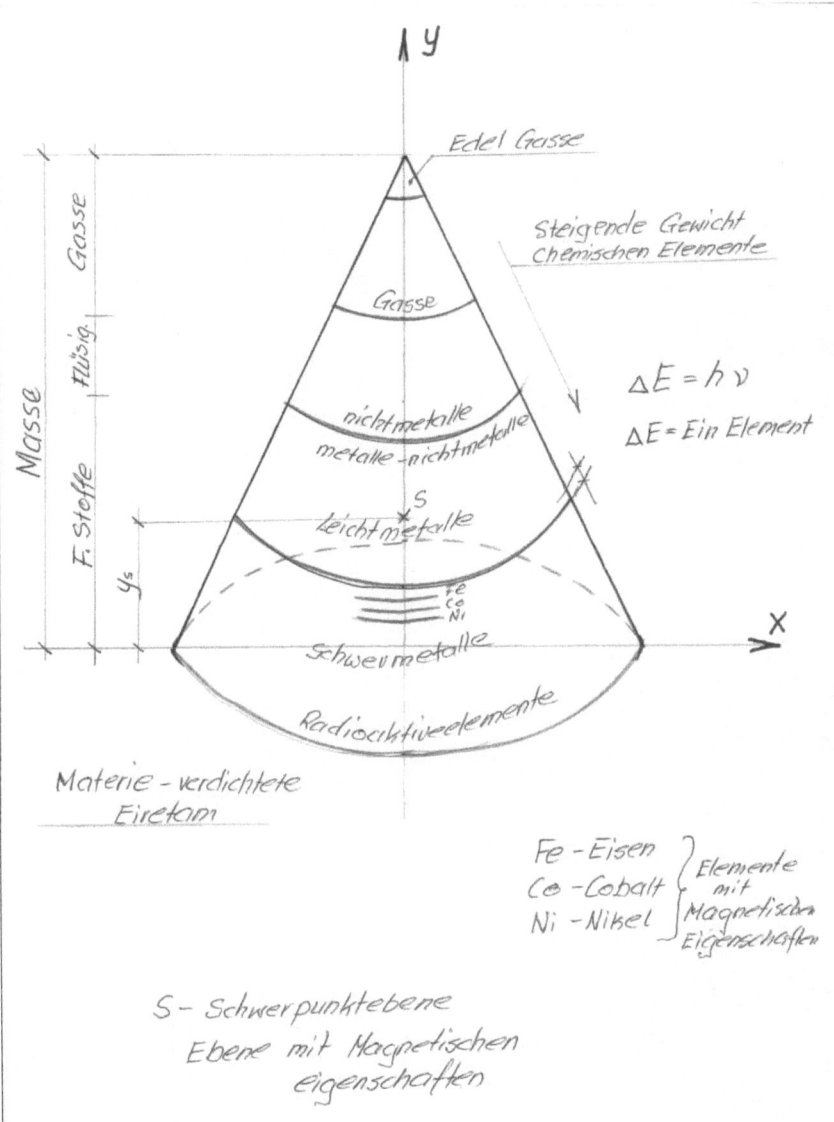

$\Delta E = h\nu$

$\Delta E = Ein\ Element$

Fe - Eisen
Ce - Cobalt } Elemente mit Magnetischen Eigenschaften
Ni - Nikel

S - Schwerpunktebene
Ebene mit Magnetischen eigenschaften

- 21 -

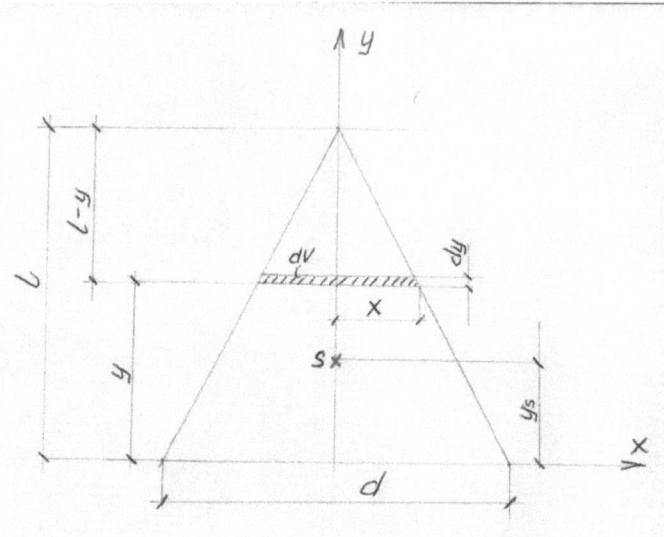

$$x_s = 0$$
$$z_s = 0$$

$$V = \frac{1}{3} A l = \frac{1}{3} \pi r^2 l$$

$$V = \frac{1}{3} \frac{\pi d^2}{4} \cdot l = \frac{\pi d^2 l}{12}$$

$$dV => \quad d = 2x$$
$$l = dy$$

$$dV = x^2 \pi dy$$

$$y_s = \frac{\int_{}^{l} y \, dV}{V \cdot 2}$$

$$V = \frac{d^2 \pi l}{12}$$

gleichung für x

$$2x:d = (l-y):l \rightarrow 2xl = d(l-y)$$

$$x = \frac{d(l-y)}{2l} \rightarrow x^2 = \frac{d^2(l-y)^2}{4l^2}$$

$$dV = \frac{\pi d^2 (l-y)^2}{4l^2} \cdot dy$$

$$y_s = \frac{\int_0^l y \frac{\pi d^2 (l-y)^2}{4l^2} dy}{V}$$

$$y_s = \frac{\frac{\pi d^2}{4l^2} \int_0^l y(l-y)^2 dy}{\frac{d^2 \pi l}{12}}$$

$$y_s = \frac{\pi d^2 12}{4l^2 d^2 \pi l} \int_0^l y(l^2 - 2yl) + y^2 dy$$

$$y_s = \frac{3}{l^3} \int_0^l (l^2 y - 2ly^2 + y^3) dy$$

$$y_s = \frac{3}{l^3} \left(\frac{l^2 y^2}{2} - \frac{2ly^3}{3} + \frac{y^4}{4} \right) \Big/_0^l$$

$$y_s = \frac{3}{l^3} \left(\frac{1}{2}l^4 - \frac{2}{3}l^4 + \frac{1}{4}l^4 \right)$$

$$y_s = \frac{3}{l^3} \left[l^4 \left(\frac{6}{12} - \frac{8}{12} + \frac{3}{12} \right) \right]$$

$$y_s = \frac{3}{l^3} \cdot \frac{1}{12} l^4$$

$$y_s = \frac{1}{4} l \rightarrow$$ Ebene, wo sich Elemente mit magnetischen eigenschaften befinden

- 23 -

Kapitel 2

Das Eiretam

Eiretam – Grundzustand in der Natur – Massenlose, nicht definierbare, unmessbare, neutrale „Struktur".

Aus diesem „Gebilde", das wir Eiretam nennen, besteht unsere materielle Welt, unsere Masse besitzende Welt und die dazu gehörige Energie.

Wir Menschen können das Eiretam nicht messen oder wiegen. Wir können das Eiretam nur als Gravitationsfeld feststellen, als Trägheit, als Energie im physikalischen Prozess. Auch chemische Elemente mit verschiedenem Eiretamsinhalten reagieren zusammen. Das Eiretam ist, wie vorher bereits erwähnt, ein Gegensatz zur Materie. Materie können wir wiegen, messen und betrachten, das Eiretam hingegen kann man **nicht** messen, wiegen oder betrachten.

Wenn Materie ins Stadium zum Eiretam übergeht, zum Beispiel durch hochenergetischen Zusammenprall zweier Elektronen, der so genannten Anihilation, existieren keine Atome mehr. Im Bereich von Eiretams, also im Grundzustand der Natur, findet man keine Atome, und das bedeutet, dass auch kein Raum, keine Zeit und keine Bewegungen existieren.

Das Eiretam im Grundzustand weist keine Energie auf, kein Gravitationsfeld und keine Wechselwirkung, solange keine Verdichtung bzw. Verschiebung des Mediums (Eiretams) stattfindet. Findet eine Verdichtung (örtliche Störung) des Eiretams statt, dann bildet sich Materie mit dazu gehöriger Masse, um welche herum das Gravitationsfeld (kleinere Dichte des Eiretams) entsteht.

Die Entstehung des Gravitationsfeldes ist auch der Moment, in dem die Energie vorhanden ist (Dichtendifferenz), dabei erfolgt auch die Entstehung des Raumes.

Wie man sieht, ist Energie vorhanden, wenn sich die Dichte des Eiretams ändert.

$$\int_{A}^{B} d\phi = \phi_{B} - \phi_{A} = \angle AB$$

In unserer Welt existiert keine Leere, wie Demokrit glaubte. Unsere Welt besteht aus Materie und Energie. Die Dichte des Eiretams entscheidet über mehr oder weniger Energie.

Das Eiretam, die masselose Substanz, das sich im Bereich der absoluten Null (O) befindet (keine Entropie), ist in der Natur das geheimnisvolle Etwas, aus welchem alles besteht. Dass es nicht messbar ist, beweisen Experimente, die manche Physiker wie Michelson-Morley, Lodgéa, Nobléa und Bruséa durchgeführt haben, als sie den so genannten Äther gesucht haben.

Das Eiretam ist in der Natur das geheimnisvolle „Baumaterial", das wir Menschen niemals direkt zu Gesicht bekommen werden und aus welchem alles abgeleitet ist: ob Materie oder Energie, ob Potenzialfelder oder Trägheit, ob Magnetismus oder Elektrizität (Magnetismus II).

Weltformel

Weltformel

$$\mathcal{L} = c^2 = 1$$

$$\uparrow$$

$$E_n = \mathcal{L}m$$

$$(\text{A}) \quad \xi = \frac{(c) \cdot \overbrace{\underbrace{\iiint\limits_{E_i < 0} p^3 \sin\vartheta\, dp\, d\vartheta\, d\varphi}_{V}}^{\sum \text{Chem Elem}} \Rightarrow \left[\frac{Q}{ME} = \frac{S}{vt}\right]}{(\text{B}) \int\limits_{E_i \max} d\varrho \Rightarrow} \quad \begin{array}{c} (3) \\[4pt] 0^\circ K \\ \text{Entropie} = 0 \end{array}$$

$$(2)$$

$$(1)$$

$$\underline{\begin{array}{l}\text{Eiretam} \\ \text{Naturgrundzustand}\end{array}}$$

— Intensität des Schwerfeldes

— Bildung des Raumes

In der Natur ist es charakteristisch, dass eine absolute Null (Nullbereich) einfach ein materielles **Nichts** ist.

Legende zur Weltformel:

A) Teil I, II
B) Teil I, II, III
C) Teil II, III

Ei – Eiretam

En – Energie

*Sphärische Abbildung

1- Eiretam – welche Grundzustand verlassen hat, (Verdichtung) nennen wir Energie.

2- Elektrizität – Magnetismus II

3- Schwindet – Raum, Bewegung, Zeit

Materie – Raum

  Bewegung

  Zeit

Energie – Magnetismus I

  Magnetismus II

  Wärme

Umlaufbahnen und begleitende Kräfte:

Atomen bzw. Planeten und Ihre
Umlaufbahnen

Bohrsches Gesetz

$$mvR = n \frac{h}{2\pi} \qquad\qquad \phi_B > \phi_A$$

$$F_z = \frac{mv^2}{R}$$

$$F = \frac{u^2}{4\pi \, m_o \, R^2}$$

$$\lambda = \frac{h}{p} = \frac{h}{mv}$$

$$X = \frac{2\pi R}{\lambda} = \frac{2\pi R}{\frac{h}{mv}} = \frac{2\pi R mv}{h} = \frac{2\pi}{h} \cdot n \frac{h}{2\pi} = n$$

$$X = n \qquad n = 1, 2, 3 \ldots \infty$$

$$\frac{mv^2}{R} = \frac{u^2}{4\pi \, m_o \, R^2}$$

$$F_z = F$$

$$\frac{mv^2}{R} = \frac{u^2}{4\pi A_o R^2}$$

$$mvR = \frac{nh}{2\pi}$$

$$V = \frac{nh}{2\pi mR}$$

$$\frac{mn^2h^2}{4\pi^2 m^2 R^2 R} = \frac{u^2}{4\pi A_o R^2}$$

$$V^2 = \frac{n^2h^2}{4\pi^2 m^2 R^2}$$

$$* \quad \frac{n^2h^2}{\pi m R} = \frac{u^2}{A_o}$$

$$* \quad R = \frac{n^2h^2 A_o}{\pi m u^2}$$

$$R = \frac{A_o h^2}{\pi m u^2} \; n^2 \qquad R - Orbiten \; Radius$$

m – Objekt – Masse

n – Quantenzahl

v – Geschwindigkeit

R – Orbiten Radius

h – Planck Konstante

u – Energiewert – Trägheit

Ao - Felddichte

$$V = \frac{nh}{2\pi m R} \quad \longrightarrow \quad V = \frac{nh\pi mu^2}{2\pi m A_o h^2 n^2}$$

$$V = \frac{u^2}{2 A_o h n}$$

$$V = \frac{u^2}{2 A_o h} \cdot \frac{1}{n}$$

$$T = \frac{s}{V} \quad \longrightarrow \quad T = \frac{2\pi R}{V}$$

$$T = \frac{2\pi A_o h^2 n^2 \, 2 A_o h n}{\pi m u^2 u^2}$$

$$T = \frac{4 A_o^2 h^3 n^3}{m u^4}$$

$$T = \frac{4 A_o^2 h^3}{m u^4} \cdot n^3$$

T – Umlaufszeit

Energetische Bilanz

$$E_G = E_K + E_P$$

$$E_G = E_K + E_P$$

$$E_K = \frac{mv^2}{2} = \frac{m\left(\frac{u^2}{2A_\circ hn}\right)^2}{2} = \frac{mu^4}{8A_\circ^2 h^2 n^2}$$

$$E_P = -\frac{u^2}{4\pi A_\circ R} = \frac{u^2}{4\pi A_\circ \left(\frac{A_\circ h^2 n^2}{\pi m u^2}\right)} =$$

$$= \frac{u^2 \pi m u^2}{4\pi A_\circ A_\circ h^2 n^2} = -\frac{mu^4}{4A_\circ^2 h^2 n^2}$$

$$E_G = \frac{mu^4}{8A_\circ^2 h^2 n^2} - \frac{mu^4}{4A_\circ^2 h^2 n^2}$$

$$E_G = \frac{mu^4}{8A_\circ^2 h^2 n^2} - \frac{2mu^4}{8A_\circ^2 h^2 n^2}$$

$$E_G = -\frac{mu^4}{8A_\circ^2 h^2 n^2}$$

$$E_G = -\frac{mu^4}{8A_\circ^2 h^2} \cdot \frac{1}{n^2}$$

Der Mond, also der Satellit der Erde, besitzt natürlich auch ein Gravitationsfeld. Das Gravitationsfeld des Mondes befindet sich im Gravitationsfeld der Erde, und beide Felder befinden sich im Gravitationsfeld der Sonne. An konkreten Stellen „überlappen" die Felder, sie können sich aber nicht vermischen.

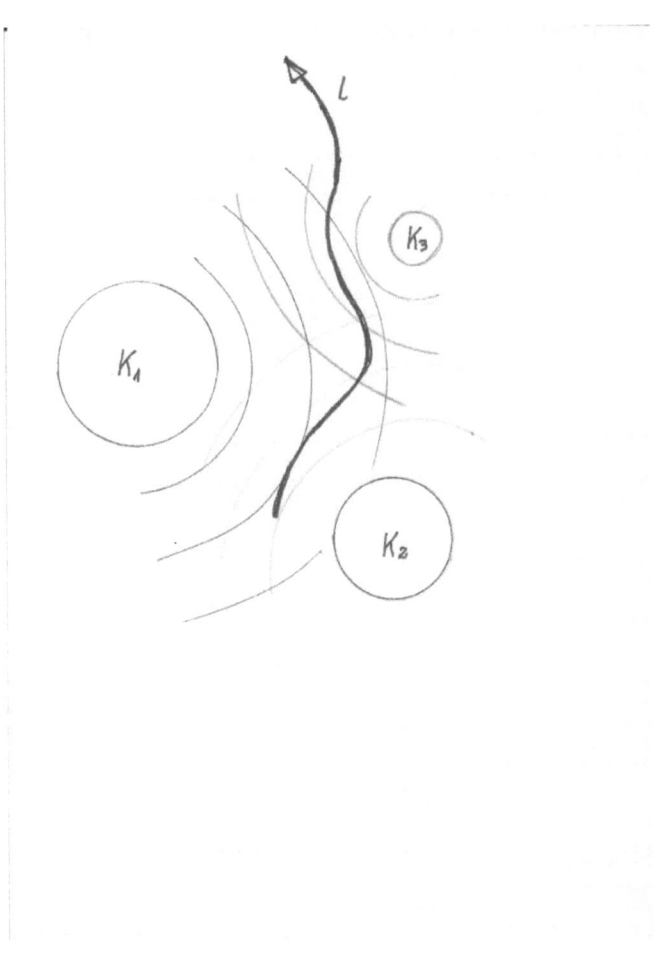

L-Trajektorie eines beliebigen Gegenstandes (z.B. Raketen), der von der Erde aus gestartet ist und sich durch andere Gravitationsfelder bewegt. Aus diesem Beispiel mit dem Mond sieht man, wie der Raum um die Planeten gekrümmt ist.

Jetzt wollen wir uns den Fall anschauen, wo sich Raum in Raum bildet. Wie schon vorher gezeigt, ist um die Erde ein Gravitationsfeld (mit unterschiedlichen Eiretamsdichten) entstanden, das immer vorhanden ist. Wird eine Rakete oder ein Geschoss in die Luft gejagt, bildet sich sofort ein neuer Raum, der durch „Abfeuern", also Krafteinsetzung (Bewegung) entstanden ist. (Siehe allgemeine Relativitätstheorie).

In Folge dieser Bewegung bildet sich neue örtliche Energiedichte in Richtung der sich bewegenden Rakete. Dieses Geschehen nennen wir Trägheit.

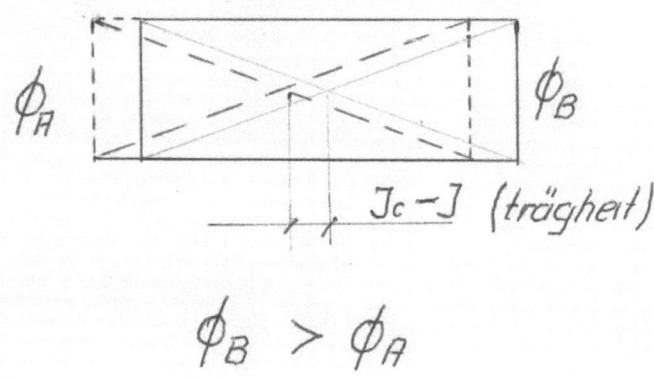

Die Verschiebung des Schwerpunkts geschieht in ähnlicher Weise wie die Entstehung des Magnetismus.

Körperträgheitsmomente und Ihre Beziehungen

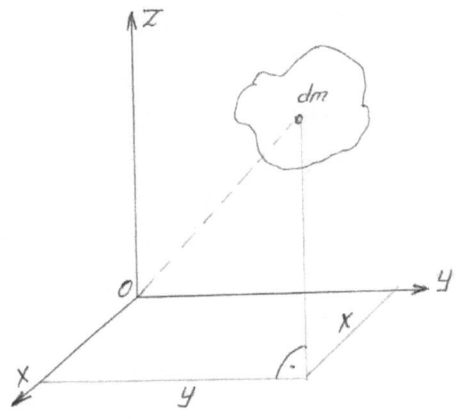

Planare Trägheitsmomente

$$J_{xy} = \int z^2 \, dm$$

$$J_{yz} = \int x^2 \, dm$$

$$J_{xz} = \int y^2 \, dm$$

Axiale Trägheitsmomente

$$J_x = \int (y^2 + z^2) \, dm$$

$$J_y = \int (x^2 + z^2) \, dm$$

$$J_z = \int (y^2 + x^2) \, dm$$

Polares
Trägheitsmoment

$$J_o = \int r^2 \, dm$$

$$J_o = \int (x^2 + y^2 + z^2) \, dm$$

Abhängigkeit zwischen Planaren, Axialen
und Polaren Trägheitsmomenten

$$J_x = \int y^2 \, dm + \int z^2 \, dm = J_{xz} + J_{xy}$$

$$J_y = \int x^2 \, dm + \int z^2 \, dm = J_{zy} + J_{xy}$$

$$J_z = \int x^2 \, dm + \int y^2 \, dm = J_{zy} + J_{zx}$$

$$J_o = \int x^2 \, dm + \int y^2 \, dm + \int z^2 \, dm =$$

$$= J_{xy} + J_{xz} + J_{yz} = \frac{1}{2}(J_x + J_y + J_z)$$

Deviationsmomente

$$D_{xz, zy} = D_{xy} = \int xy \, dm$$

$$D_{xz} = \int xz \, dm$$

$$D_{yz} = \int yz \, dm$$

Wäre der sich bewegende Körper ein Magnet, entsteht zusätzliche Änderung (örtliche Veränderung) des Gravitationsfeldes (zusätzliche Verdichtung), die wir an diesem Ort mit einer Spule als elektrischen Strom (Magnetismus II) entnehmen können.

Magnetismus können wir im Gravitationsfeld hervorrufen, deshalb sprechen wir über Gravitismus.

Der Moment, in welchem Energie entstanden ist, ist gleichzeitig auch der Moment, wo der Raum gebildet wird.

Wir sprechen über Eneraum:

$$\frac{Energie}{Raum} = 1$$

Über die Gezeiten

Bis heute wird behauptet, dass der Mond mit seiner Anziehungskraft Meereswasser (bzw. Ozeane) als leicht verschiebbar so anzieht, dass es sogenannte Gezeiten gibt (Flut und Ebbe).

Meereswasser wird aber nicht durch den Mond angezogen; die Ursache ist lediglich „Neutralisierung" von beiden Gravitationsfeldern (Mond – Erde).

Auf der Geraden L ist das Gravitationsfeld von beiden Planeten „geschwächt". Dadurch erfahren leicht verschiebbare Substanzen wie Wasser, weniger „Druck", was wir als sogenannte Gezeiten wahrnehmen.

Über den Raum und seine Krümmung

Wie schon in Kapitel 1 (Teil 1 und folgend Teil 2) beschrieben wurde, ist das Gravitationsfeld durch Verdichtung des Eiretams entstanden. Anders ausgedrückt: durch Verdichtung der masselosen „Gebilde", bilden sich die unterschiedlichen Dichten (Streifen) des Feldes, den Raum, weil die Verdichtung kreisförmig verläuft (und weil „Ringe" gebildet sind), ist der Raum „gekrümmt".

Das erfahren alle sich bewegenden und Masse besitzenden Körper. Weil das Gravitationsfeld der Erde kreisförmig ist, bewegt sich der Mond im Kreis, nicht jedoch, weil er durch die Erde angezogen wird.

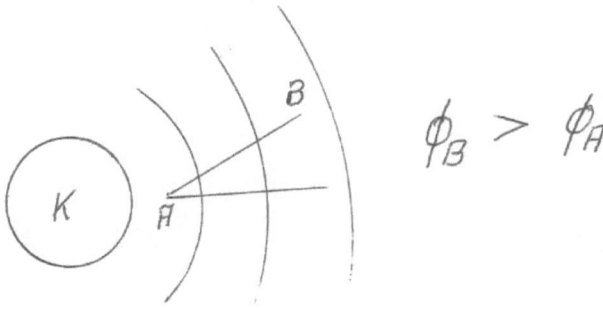

Teil 2

Trägheit

Kapitel 1

Über die Trägheit als Energieform

Jede Bewegung oder jede Ortsänderung eines beliebigen Körpers findet immer im Potenzialfeld statt. Nach Newtons Trägheitsgesetz gilt: jeder Körper verharrt im Zustand der Ruhe oder der gleichförmigen Bewegung, solange keine Kraft auf ihn einwirkt.

Newton erklärt aber nicht, warum sich jeder Körper so merkwürdig verhält.

Einstein wiederum beschäftigt sich mit dem Problem Masse: „Die Schwere und die Träge Masse eines Körpers sind einander gleich". Er interpretiert aber die Ursache der Trägheit nicht.

Auch in Fachbüchern kann man entnehmen, dass Trägheit eine Eigenschaft der Materie ist, was aber nicht die physikalische Herkunft erklärt.

Das klären wir jetzt!

Wir haben schon erwähnt, dass jede Bewegung nur im Potenzialfeld möglich ist. Jeder feste Körper, der sich in Bewegung befindet, verändert Gravitationsfelder, das heißt, es entsteht ein örtliches Potenzialfeld.

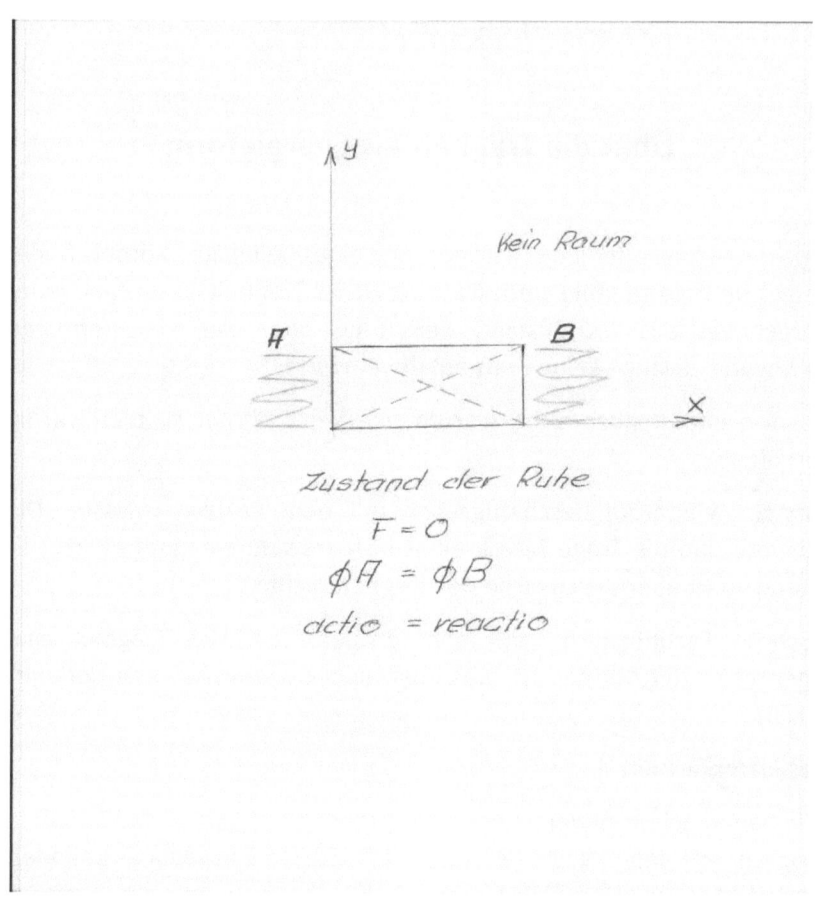

Die Bewegung des Körpers ändert die Stärke des Potenzialfeldes vor und hinter dem Körper auf der Achse der Bewegung.

Das vorne vorhandene Energiefeld verursacht die Verschiebung des Schwerpunktes bzw. das zentrale Trägheitsmoment des Körpers und beeinflusst dadurch die Entstehung von vergrößerten Potenzialfeldern hinter den bewegten Körpern.

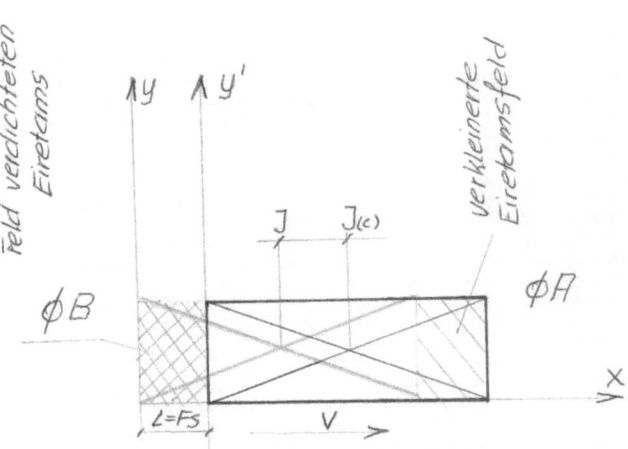

$$\frac{ds}{dt} = V$$

$$\frac{dv}{dt} = a$$

$$L = F \cdot s$$

$$dL = m \frac{dv}{dt} ds$$

$$L = m \int_{A}^{B} m \frac{ds}{dt} dv$$

Gleichförmige bewegung

$$F = const$$

$$\phi B > \phi A$$

Das hinter dem Körper verdichtete Energiefeld øB verursacht die weitere Bewegung des Gegenstandes nach Abnahme der Kraft durch das im Raum gebildete Energiefeld (Kapitel 1, Teil 3).

$$\phi B > \phi A$$

Wir haben es mit örtlichen Änderungen des Gravitationsfeldes zu tun, die durch Bewegung (Einsetzung der Kraft) verursacht wurde.

Ein anderes Beispiel für die Änderung des örtlichen Gravitationsfeldes ist ein Permanentmagnet oder ein Elektromagnet, wo wir die Anziehung bzw. die Abstoßung beobachten können, was nur durch unterschiedliche Energiefelder möglich ist.

Wir müssen uns auch im Klaren sein, dass Begriffe wie Gravitationsfeld, Schwerfeld, Potenzialfeld, Newtonschesfeld, Magnetfeld der Erde und Energiefeld die gleiche Bedeutung haben.

Wir wollen uns noch mal wiederholen: Magnetismus ist das örtlich veränderte Gravitationsfeld – es entsteht ein Potenzialfeld.

$$\phi B > \phi A$$

Bildung des Raumes

Gleichwertigkeit Kinetischeenergie
und Arbeit

$$\delta L = \bar{P} \cdot d\bar{r} = \bar{P} d\bar{r} \cos(\bar{P}, d\bar{r}) =$$

$$= P_t \, ds$$

$$P_t = ma = m \frac{dv}{dt}$$

$$\delta L = m \frac{dv}{dt} \, ds = m dv \frac{ds}{dt} =$$

$$= mv dv = dE_K$$

$$L_{A-B} = \int_A^B mv dv = \frac{mv_B^2}{2} - \frac{mv_A^2}{2} =$$

$$= E_B - E_A$$

$$L_{AB} = E_B - E_A$$

$$\frac{dv}{dt} = a$$

$$\frac{d\bar{r}}{dt} = \bar{v}$$

$$\frac{ds}{dt} = |\bar{v}| = v$$

$$\text{Energie Formen}$$
$$-\text{Fortsetzung}-$$

$$F = ma = \text{Kin.Energie} = \text{Trägheit} \overset{*}{=} \text{Pot. Energie}$$

$$L = m \int_{R}^{B} v\,dv = \frac{mv_B^2}{2} - \frac{mv_A^2}{2} = E_B \; const = \int_{R}^{B} d\phi = \phi_B - \phi_A$$

$$L = 0$$

$$\text{Kontinium} \rightarrow \text{Raum} \rightarrow \text{Raum} \rightarrow \text{Kontinium}$$

$$\text{Trägheit} = E_{KIN} = const$$

$$L = 0$$

$$* \; \text{Potentiele energie} \; \text{zunahme}$$
$$\text{Kinetischeenergie} \; \text{abnahme}$$

Harmonische Bewegung – als Beispiel

$$E_G = E_P + E_K$$

$$E_P = \tfrac{1}{2} k x^2 = \tfrac{1}{2} m \omega^2 A^2 \sin^2 \omega t$$

$$E_K = \tfrac{1}{2} m v^2 = \tfrac{1}{2} m A^2 \omega^2 \cos^2 \omega t$$

$$F = -kx$$

$$m \frac{d^2 x}{dt^2} = -kx$$

$$E_G = \tfrac{1}{2} m \omega^2 A^2 \sin^2 \omega t + \tfrac{1}{2} m \omega^2 A^2 \cos^2 \omega t$$

$$E_G = \tfrac{1}{2} m \omega^2 A^2 \underbrace{\left(\sin^2 \omega t + \cos^2 \omega t \right)}_{1}$$

$$E_G = \tfrac{1}{2} m \omega^2 A^2$$

$$E_{kin\,(max)} = \tfrac{1}{2} m \omega^2 A^2$$

$$x = 0$$
$$v = v_{max} = \omega A$$
$$E_P = 0$$

$$E_{pot\,(max)} = \tfrac{1}{2} m \omega^2 A^2$$

$$x = A$$
$$v = 0$$
$$E_K = 0$$

Kapitel 2

Über die Struktur des Raums – Trägheit

Jede Bewegung (eines beliebigen Körpers) verursacht die Verschiebung des zentralen Trägheitsmoments im Potenzialfeld (Gravitationsfeld). Dadurch folgt die örtliche Änderung des Potenzialfeldes – Verdichtung hinter dem gebliebenen Bereich – und somit die Entstehung des Raums.

Struktur des Raumes – Trägheit .....

$$J_x = \int_F y^2 dF = \int \varrho y^2 dx dy =$$

$$= \varrho \int_o^a dx \int_o^b y^2 dy = \varrho |x|_o^a \left| \frac{1}{3} y^3 \right|_o^b =$$

$$= \varrho \, a \frac{1}{3} b^3 = \frac{1}{3} m b^2$$

$$dm = \varrho \, dF = \varrho \, dx \, dy$$

$$J_y = \int_F x^2 dF = \varrho \int_o^a x^2 dx \int_o^b dy =$$

$$= \varrho \left| \frac{1}{3} x^3 \right|_o^a |y|_o^b = \frac{1}{3} m a^2$$

$$J_{y(c)} = \int_m x^2 dm = \varrho \int_{-\frac{a}{2}}^{\frac{a}{2}} x^2 dx \int_o^b dy =$$

$$= \frac{1}{12} \varrho \, a^3 b = \frac{1}{12} m a^2$$

Kapitel 3

Induktion - Gravitationsfeld und Trägheit

Gravitationsfeld, Trägheit und Induktion

Wie schon Faraday während seiner Zeit herausgefunden hat, kann man Elektrizität erzeugen, in dem man einen Magneten bzw. eine Spule hin und her bewegt.

Magneten bzw. Elektromagneten verursachen eine örtliche Veränderung des Potenzialfeldes (Gravitationsfeldes). Wenn dazu noch die Verschiebung der zentralen Trägheitsmomente durch Bewegung stattfindet, entsteht eine noch größere Veränderung des Gravitationsfeldes, was wir, in Verbindung mit einer Spule, als Induktionsspannung benennen.

Das ist auch der Grund, weshalb die Induktionsspannung größer ist, je schneller gedreht wird. (Es verschiebt sich der Schwerpunkt; siehe Kapitel 2, Teil 2).

In Kapitel 2, Teil 2 ist außerdem zu entnehmen: jede Bewegung von Masse besitzender Körper verursacht eine Verschiebung des Schwerpunktes bzw. der Trägheitsmomente des Körpers.

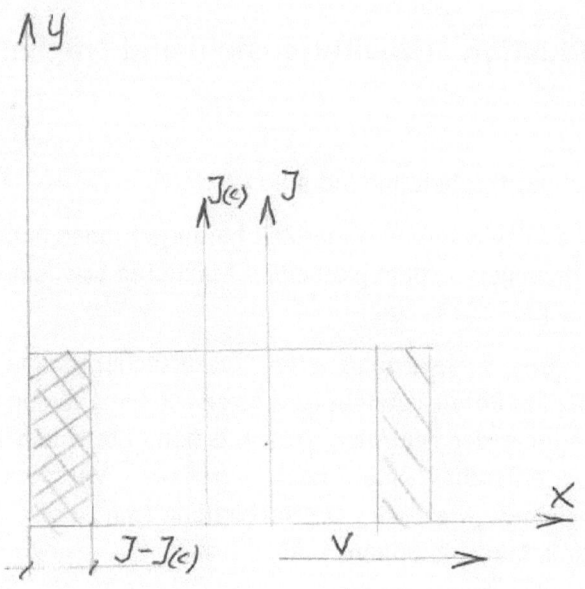

Es ist zu ersehen, dass ein Widerstand bei Bewegung nicht nur durch Luft oder durch allgemeine Gase entsteht, sondern auch durch das Gravitationsfeld (Eiretam). Ein Beispiel dafür liefert das Newtonsche Gesetz, das sogenannte Trägheitsprinzip. Das besagt, dass jeder Körper im Zustand der Ruhe verharrt oder eine gleichförmige Bewegung ausführt, solange keine Kraft auf ihn einwirkt.

Diese gleichförmige Bewegung ist durch veränderte Dichte des Gravitationsfeldes entstanden (linkes Rauten-Feld; siehe auch Seite 46).

$$\nabla \times E = -\frac{\partial B}{\partial t} = \mathcal{L}(J - J_c)$$

Maxwellgleichung

Änderung des Magnetischen Feldes

Die Änderung eines Magnetfeldes bewirkt eine Induktionsspannung. Das ist das Zusammenspiel zwischen dem Gravitationsfeld, dem Magneten (auch Elektromagneten) und der Trägheit (Verschiebung des Schwerpunktes) und heißt Bewegung.

Wenn wir über die Umwandlung von Magnetismus in Elektrizität sprechen, dann sprechen wir über bewegte Magneten. Ein Magnet ist ein Metallstück (Eisen, Kobalt, Nickel und manche Legierungen) und wird in der inneren Energie verschoben. Das Energiegleichgewicht des Körpers wird verändert. Damit verbunden ist die Veränderung des Umgebungs- und Gravitationsfeldes um den Körper. Das gleiche gilt beim Elektromagneten: je stärker der Magnet, desto stärker das geänderte Potenzialfeld.

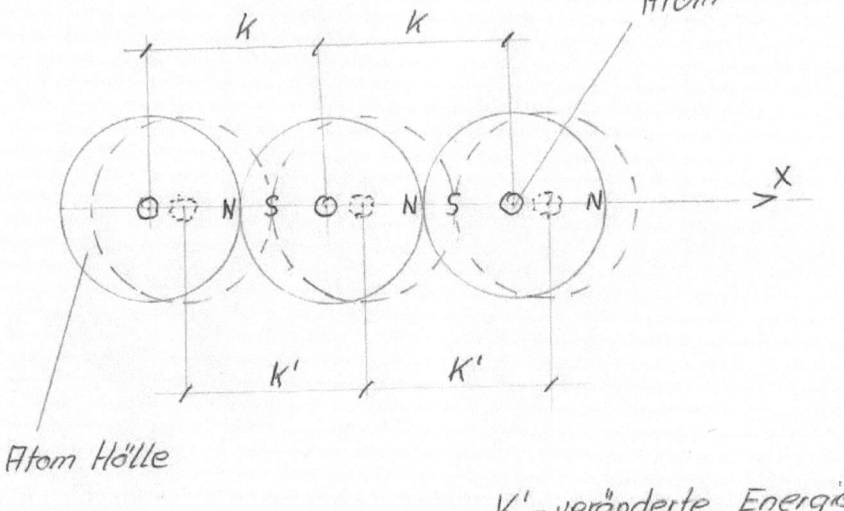

$$U_M = L_{M-M_0} = \phi_M - \phi_{M_0}$$

Um Induktionsspannung zu erzeugen, müssen die drei Kompetente, wie Gravitationsfeld (Potenzialfeld), Trägheit und Magnetfeld zusammen wirken (Energieverdichtung).

Zurzeit lehrt uns die Physik, dass sich z.B. zwei ungleichnamige Magneten gegenseitig anziehen und gleichnamige sich gegenseitig abstoßen.

Diese Interpretation ist ein Irrtum!

Wir haben es in der Natur nicht mit Anziehungskräften zu tun. Wir bedienen uns dazu einem Beispiel des Magdeburgers Otto von Guericke. Er ließ zwei kupferne Halbkugeln luftdicht zusammenfügen und dann auspumpen. Der äußere Luftdruck hielt sie so fest zusammen, dass auch mehrere Pferde die Halbkugeln nicht auseinanderreißen konnten. Wir werden aber nicht sagen, dass innerer, niedriger Luftdruck die Wände der Kugeln zusammenzieht.

Analysieren wir mal das Oersted-Experiment: Oersted hatte durch Experimente bewiesen, dass strömende Elektrizität eine magnetische Wirkung besitzt. Er zeigte, dass eine Kompassnadel abgelenkt wird, wenn sie sich in der Nähe eines Drahtes befindet, durch den ein Strom geschickt wird.

Hier erhalten wir ein analoges Beispiel zum Versuch von Otto von Guericke. Wenn durch einen Draht (Leiter) Elektrizität fließt, beobachten wir magnetische Wirkungen.

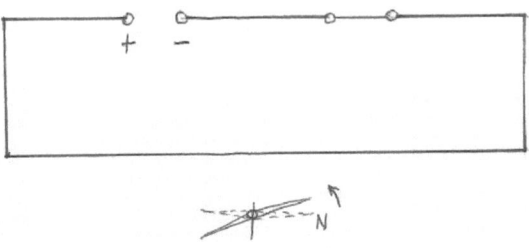

Die Elektrizität im Leiter verursacht die Bildung unterschiedlicher Energiedichten zwischen Leiter und Potenzialfeld (Gravitationsfeld).

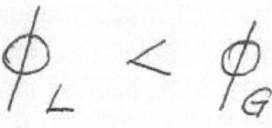

Die äußere Kraft (Gravitationskraft) „schiebt" und drückt metallische Gegenstände Richtung N, was nicht heißt, dass N Metallgegenstände anzieht.

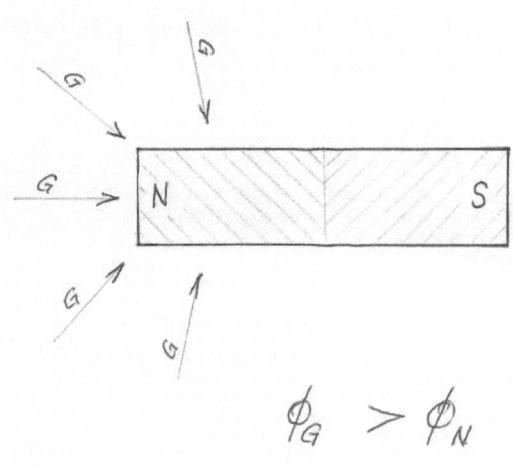

Über elektromagnetische Induktion und Magnetfeld – potentielle Energie

Induktion und Magnetfeld

$$\phi = -U$$
$$U = -\phi$$

$$U_M = L_{M-Mo} = \phi_M - \phi_{Mo}$$

Potentielefeld

$$L_{A-B} = \phi_B - \phi_A = L_{A-Mo} + L_{Mo-B} =$$

$$= U_A - U_B$$

Potentiele Energie

$$L_{A-A} = U_A - U_A = 0$$

Teil 3

Raum

Kapitel 1

Über den Raumbegriff in der Physik

Für die Newtonsche Physik ist es charakteristisch, dass sie dem Raum und der Zeit neben der Materie eine selbständige, reale Existenz zuschreibt. In der Wirklichkeit existiert Raum in einer individuellen freien Form **nicht**.

Raum besitzt nicht die physikalische Realität, insbesondere nicht der leere Raum. Heute können wir Raum (Feld, Umgebung oder Ort) so formulieren: Raum oder Feld ist ein Bereich, in dem sich zwei Energiedichten oder Energiekonzentrationen gegenüberstehen. Dort wo sich bewegende Materie (Gebilde) eine größere Dichte (größere Festigkeit) besitzt, als die erwähnte Umgebung, nur dann ist Ortsänderung möglich.

Beispiel: Wasser im Wasser kann sich nicht bewegen, Metall im Metall auch nicht. Die Festigkeit des Wassers als sich bewegender Gegenstand ist nicht größer als die Umgebung (also auch das Wasser).

Das Gravitationsfeld der Erde ist ein gutes Beispiel, um Raumüberlegungen fortzusetzen:

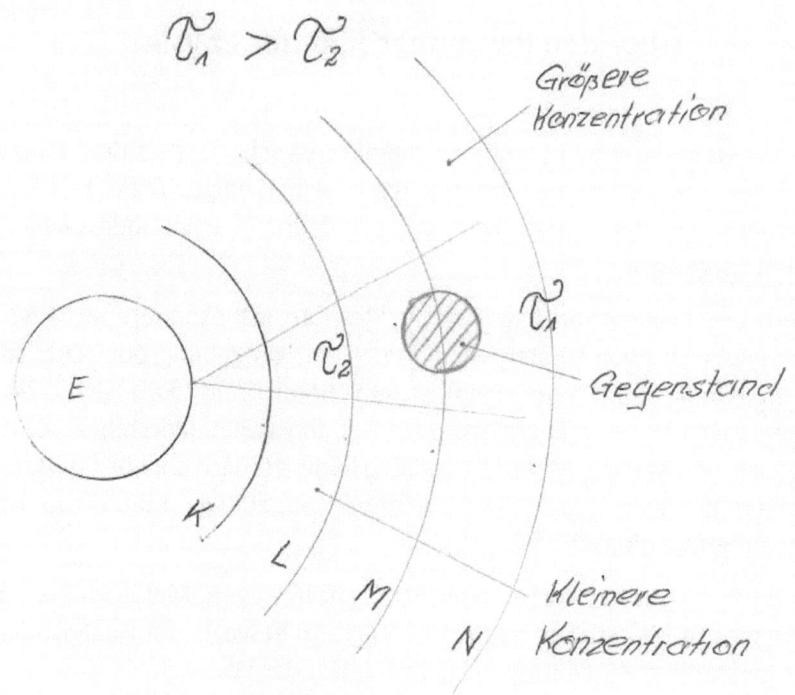

$$\overset{\circ}{\tau_1} > \overset{\circ}{\tau_2}$$

Größere Konzentration

E

$\overset{\circ}{\tau_2}$

$\overset{\circ}{\tau_1}$

Gegenstand

K

L

M

N

Kleinere Konzentration

Die Dichte von Bereich N ist größer als die Energiedichte von Bereich M; deshalb bewegt sich Gegenstand P Richtung Erde mit Beschleunigung G. So wurde Raum gebildet; es stehen sich zwei unterschiedliche Energiedichten gegenüber M-N. Würden sich die zwei unterschiedlichen Konzentrationen ausgleichen, verschwände der Raum.

Ein anderes Beispiel für die Entstehung des Raumes ist ein Kohlekraftwerk. Erzeugter Dampf gelangt auf die Räder der Turbine, aber hinter der Turbine muss ein viel kleinerer Druck sein, damit sich der Dampf weiterbewegen kann; so entsteht Raum (Bewegung, Zeit). (Bewegung, in dem sich die Räder der Turbine drehen können). Das Gleiche passiert bei Wasserturbinen oder Windmühlen.

Nennen wir noch ein weiteres Beispiel: Ein Holzstück im Wasser kann sich Richtung Oberfläche bewegen, weil Raum entstanden ist (durch unterschiedliche Energiedichten - Konzentration). Die Festigkeit des Holzstücks ist größer als Wasser (Umgebung); als Voraussetzung dafür stehen sich unterschiedliche Energiekonzentrationen gegenüber.

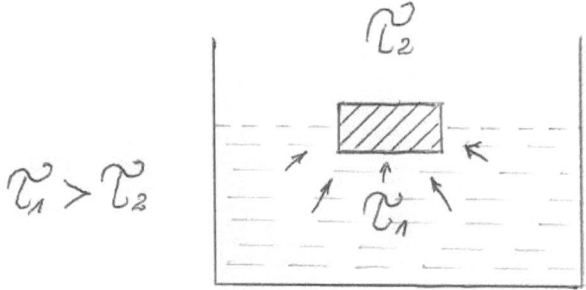

Und weil sich unterschiedliche Energiedichten gegenüberstehen, hat sich Raum gebildet, und das Holzstück bewegt sich Richtung Oberfläche.

Ein sich bewegendes Holzstück im Wasser stellt die gleiche Situation dar, wie der freie Fall eines Gegenstandes im Gravitationsfeld der Erde.

In manchen Beispielen erzeugen die unterschiedlichen Energiefelder bzw. Orte Trägheit. Diesen Aspekt beschreibe ich ausführlich im Kapitel Äquivalenzprinzip - Gravitation - Trägheit - Energie - Materie.

Wenn wir über die Entstehung des Raums sprechen, müssen wir unbedingt auch Beispiele mit Magnetismus erwähnen. Wir alle wissen, dass Magnete um sich herum Magnetfelder erzeugen, also Bereiche in welchem Elemente mit magnetischen Eigenschaften (Eisen, Kobalt, Nickel) "angezogen" werden.

Wenn wir mal Oersteds Experiment analysieren (Oersteds Versuch war auch Ausgangspunkt bei Faradays Überlegungen), sehen wir, dass strömende Elektrizität eine magnetische Wirkung besitzt. Er zeigte, dass eine Kompassnadel (also ein kleiner Magnet) abgelenkt wird, wenn sie sich in der Nähe eines Drahtes befindet, durch den ein Strom geschickt wird.

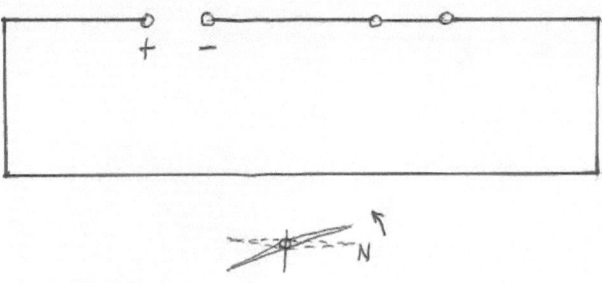

Wie wir sehen, entsteht Raum, und es bilden sich zwei unterschiedliche Energiefelder (die am Anfang nicht vorhanden waren).

Wie schon mehrmals erwähnt und wie die Beispiele zeigen, können sich die Gegenstände (starre Körper) nur dann bewegen, wenn sie sich in Bereichen unterschiedlicher Energiedichten (Energiekonzentrationen) befinden. Je nachdem, ob ein Stein im Gravitationsfeld, eine Kompassnadel im Magnetfeld oder ein Holzstück im Wasser liegt, usw.

Die Richtung der Bewegung ist immer von der größeren zur kleineren Felddichte.

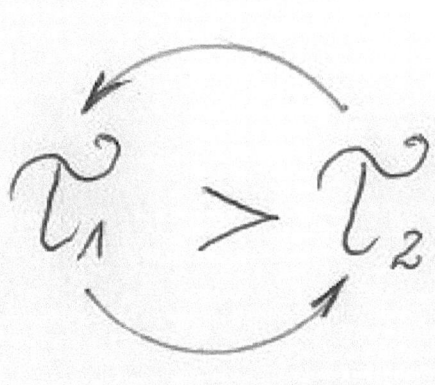

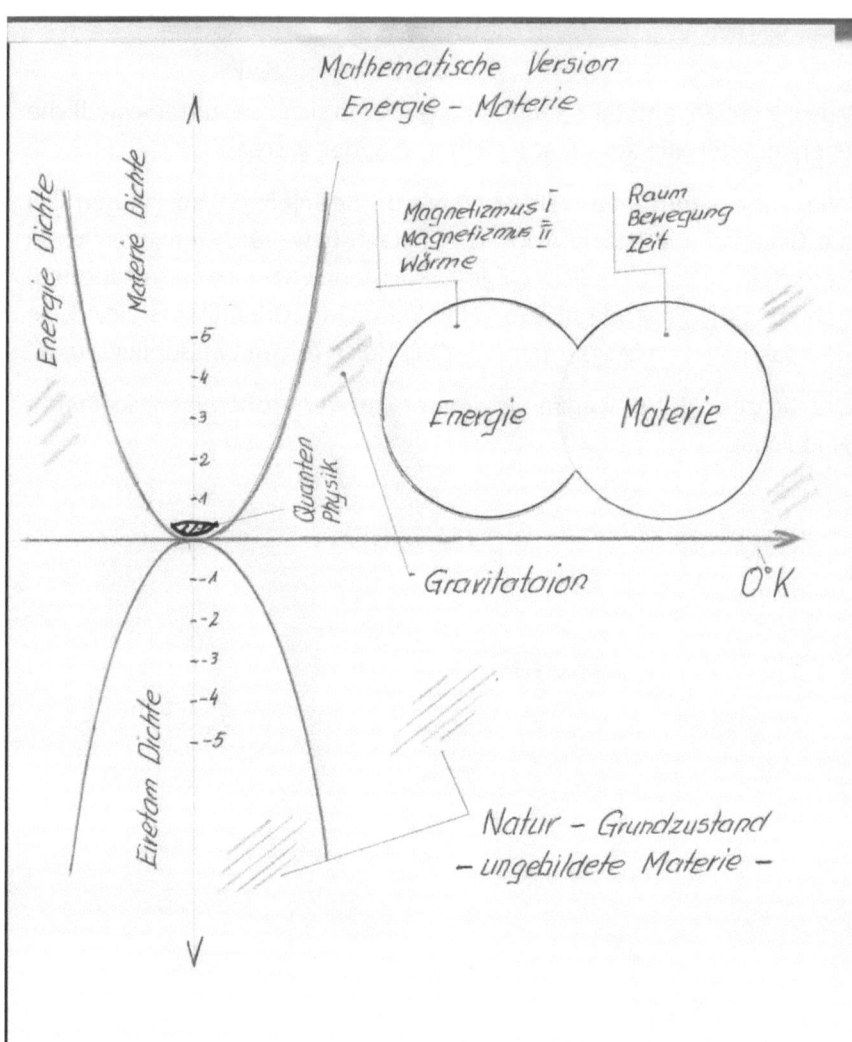

Mathematische Version
Energie - Materie

Energie Dichte

Materie Dichte

Magnetizmus I
Magnetizmus II
Wärme

Raum
Bewegung
Zeit

-6
-4
-3
-2
-1

Quanten Physik

Energie   Materie

--1
--2
--3
--4
--5

Gravitataion   O°K

Einetam Dichte

Natur - Grundzustand
- ungebildete Materie -

Kapitel 2

Kontinuum

Kontinuum als raumlose Bewegung

Bisher haben wir die Bewegung im Raum mit der dazu benötigten Zeit betrachtet (siehe letztes Kapitel), ohne sich auf das Koordinatensystem (den Bezugskörper) zu berufen.

Wir haben uns die Frage beantwortet, was der Begriff „Raum" bedeutet. Jetzt wissen wir, dort wo Raum entstanden ist, befindet sich auch Bewegung.

Wir wollen das noch mal kurz analysieren. Im physikalischen Sinne entsteht Raum dort, wo sich zwei Bereiche (Felder) gegeneinanderstehen, deren unterschiedliche Dichte auch das Synonym der Kraft ist.

Raum im philosophischen Sinne ist etwas anderes. In diesem Fall sehen wir Raum als überall vorhandenes und als selbstständiges Gebilde. Wenn wir in Richtung Sterne schauen, sagen wir, das ist freier (leerer) kosmischer Raum. Solche Interpretationen des Raumes hat I. Newton repräsentiert. Maxwell wiederum ist irrtümlich von einem mit Äther erfüllten Raum ausgegangen.

Einstein wiederum spricht von einem vier Dimensionen-Raum, wo die vierte Koordinate die Zeit ist. Aus dem ersten Kapitel ist zu entnehmen, dass Raum nur dann existiert, wenn die Festigkeit des Körpers, der sich bewegen soll, größer ist als die Dichte des Feldes (Umgebung). Wasser im Wasser zum Beispiel, kann sich nicht bewegen, Gase in Gasen können sich nicht bewegen, Licht im magnetischen Feld (Gravitationsfeld) kann sich nicht bewegen. Hier findet jeweils sofortige Einwirkung statt.

Die Dichte des Lichts (Festigkeit) ist kleiner als die Dichte des Umfelds für elektromagnetische „Wellen", es existiert ein Kontinuum.

Jetzt haben wir an dieser Stelle den Begriff Kontinuum erwähnt, deshalb will ich einige Beispiele einführen, die raumlose (Kontinuität) Bewegung zeigen.

In der Physik - oder allgemein in der Natur - haben wir es mit sofortigen Einwirkungen zu tun, obwohl die Wissenschaft das nicht wahrhaben möchte.

1) Nehmen wir einen Draht oder langen Metallstab

Wenn man Punkt A bewegt (zieht oder schiebt), bewegt sich auch <u>sofort</u> Punkt B (Die Dehnung denken wir uns weg). Das bedeutet, Punkt A benötigt keine Zeit, um nach B zu kommen.

Weitere Beispiele:

2) Betrachten wir ein langes Seil oder einen Seilzug, welches u.a. in den Bergen Verwendung findet. Wenn Punkt A (oder Anfangspunkt) bewegt wird (gezogen), bewegt sich gleichzeitig auch Punkt B (Die Dehnung vernachlässigen wird). Die Energie wird transportiert und muss sich nicht von A nach B fortbewegen. Das Seil ist in diesem Fall Medium (Kontinuum)

und erfolgt ohne Verzögerung. Wir können sagen, das ist raumfreie (zeitlose) Bewegung.

3) Ein weiteres Beispiel ist eine Scheibe - ob Metall, Holz, Beton, usw. ist ohne Bedeutung.

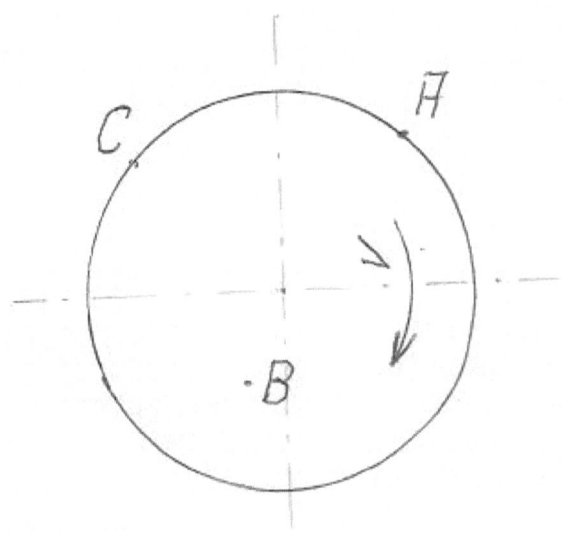

Wenn die Scheibe in Bewegung versetzt wird, wird sich jeder beliebige Punkt, ob wir ihn A, B oder C nennen, in jedem Augenblick drehen (bewegen). Die Scheibe ist ein Kontinuum, ein raumfreies Medium, für die einzelnen Positionen. Mit anderem Worten: Punkt A muss sich nicht nach B oder C bewegen, um da etwas zu verrichten. Wir haben es mit sofortiger Einwirkung zu tun.

4) Schauen wir uns Dominosteine an:

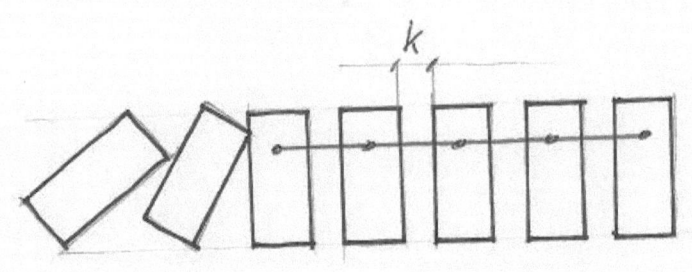

Hier wollen wir zwei Möglichkeiten betrachten:

1. Erster Fall: die Steine sind traditionell mit kleinem Abstand voreinander aufgestellt (wo Raum vorhanden ist). Beim Umkippen des ersten Steins werden alle anderen nacheinander zu Fall gebracht, und dazu brauchen die Steine Zeit (je mehr Steine, desto mehr Zeit), bis der letzte Stein umgefallen ist.

2. Zweiter Fall: wir binden die Steine zusammen (z.B: mit einem Draht). In diesem Fall werden die Räume zwischen den Steinen eliminiert, und es entsteht ein Kontinuum (kontinuierliche Gebilde). Jetzt braucht der erste Stein keine Zeit, um zu dem letzten Stein zu gelangen. Die Einwirkung entsteht sofort (unmittelbar), ohne uns mit der atomaren (atomistische) Struktur zu befassen. Die Anzahl der Steine spielt dabei keine Rolle. Die Energie wird ohne Verzögerung (ohne Zeitaufwand) transportiert.

Um die Entfernung und die Dimensionen zu erfassen, betrachten wir noch ein Beispiel: und zwar den Planet Erde.

Unsere Erde dreht sich um die eigene Achse mit gleichbleibender Geschwindigkeit für jedem von uns, ob wir uns nun in Deutschland, Kanada, Argentinien oder Russland befinden, wir erfahren die gleiche Geschwindigkeit (die gleiche Energiemenge wird zugeführt). Wir sprechen von sofortiger Einwirkung.

Die Energie wird ohne Zeitaufwand und ohne Verzögerung transportiert. Wir sprechen über Kontinuität.

Die oben analysierten Beispiele finden Verwendung bei der Beschreibung über das Licht und seine Natur und auch über Fortbewegung des Lichtes.

Schon jetzt kann man erwähnen, dass wir es im Falle des Lichts mit sofortigen Einwirkungen zu tun haben (es existiert kein Raum), ganz egal, wie weit entfernt sich Punkt B von Punkt A befindet.

Für das Licht ist kein Raum vorhanden, weil die Umgebungsdichte (der Ort bzw. die Gravitationsfelddichte) größer ist als die Dichte des Lichts. Weil für Licht kein Raum vorhanden ist, existiert ein Kontinuum.

Licht bewegt sich sofort (ohne Verzögerung) fort, unabhängig von der Entfernung, wie im Beispiel der Metallscheibe, dem Metallstab usw. verdeutlicht.

Kapitel 3

Zeit und Relativität

Wenn sich ein materieller Körper (ein Masse besitzendes Gebilde) von einem Punkt A nach B bewegt, benötigt er für diese Wanderung „Zeit". Im physikalischen Sinne ist der Begriff „Zeit" die Verzögerung, welche bei der Bewegungsdauer des Körpers von Punkt A nach B entsteht.

Physikalisch gesehen ist „Zeit" eine Differenz zwischen sofortiger Einwirkung (Kontiniuum Kapitel 2) und realer Einwirkung (siehe Kapitel 1).

Diese Verzögerung „T" vergleichen wir mit der konstanten Geschwindigkeit unseres Planeten Erde bei der Drehung um die eigene Achse oder beim Umlauf der Erde um die Sonne.

Auf diese Weise funktionieren unsere Uhren. Messen bedeutet, mit einer festgelegten Strecke vergleichen, der sogenannten Strecken-einheit.

An dieser Stelle können wir erwähnen, dass Galileo Galilei (italienischer Wissenschaftler) bei der Untersuchung von beschleunigter Bewegung den Puls (Herzschlag) zur Zeitmessung hernahm (er kannte keine exakte Uhr). Später hat Galilei dann ein Pendel als Zeitmesser verwendet.

Anders verhält es sich mit dem Begriff „Zeit", wenn wir diese in philosophischem Sinne beschreiben. In diesem Fall vergleichen wir nicht die Strecken, sondern wir nehmen die Zeit als etwas ständig Fließendes, Unveränderliches, Überallvorhandenes, also Absolutes (Newton), als etwas, das in unserem Gedächtnis gespeichert ist.

Im sinnlichen Begriff von Zeit sprechen wir über Vergangenheit und Zukunft, weil hier gesammelte Erfahrungen eine große Rolle spielen.

In der Physik sind die zwei Begriffe Vergangenheit und Zukunft nicht vorhanden.

Als Physiker muss man versuchen, die zwei Begriffe voneinander zu trennen. Dass sie nicht getrennt wurden, sehen wir im Falle der speziellen Relativitätstheorie von A. Einstein, wo physikalische und philosophische Zeit vermischt wurden, und wo bei Betrachtung aus unterschiedlichen Inertialsystemen, bei einer gleichmäßigen geradlinigen Bewegung des Lichtes zwei Zeiten verwendet wurden.

Die Überlegungen, die wir oben gemacht haben, betreffen Masse besitzende Körper die im Ort (Raum) variieren.

Ganz anders sieht es aus, wenn wir es mit masselosen „Strukturen" zu tun haben, also mit Energie. Energie beinhaltet keine Masse und kann sich also nicht bewegen (keine Masse - keine Verzögerung - kein Raum).

Energie kann nur mit Hilfe von Materie (Masse besitzenden Körpern) transportiert werden. Weil sich Energie ohne Materie (als Basis) nicht bewegen kann, bedeutet das, dass sich Licht (Lichtstrahl) auch nicht bewegen kann (keine Verzögerung). Für das Licht als Energieform existiert ein ununterbrochenes Kontinuum (Kapitel 2), und es tritt keine Verzögerung auf. Ein Kontinuum für das Licht sind die Gravitationsfelder der Planeten, die größere Dichte besitzen als Photonen (Kapitel 1).

Kapitel 4

Zeit und Lichtgeschwindigkeit

Messen ist Vergleichen. Eine Strecke misst man, in dem man sie mit einer festgelegten Strecke, der sogenannten Streckeneinheit vergleicht. So messen wir auch die Zeit, indem wir die Zeit eines Geschehens mit der Strecke vergleichen, welche die Erde um die Sonne zurücklegt.

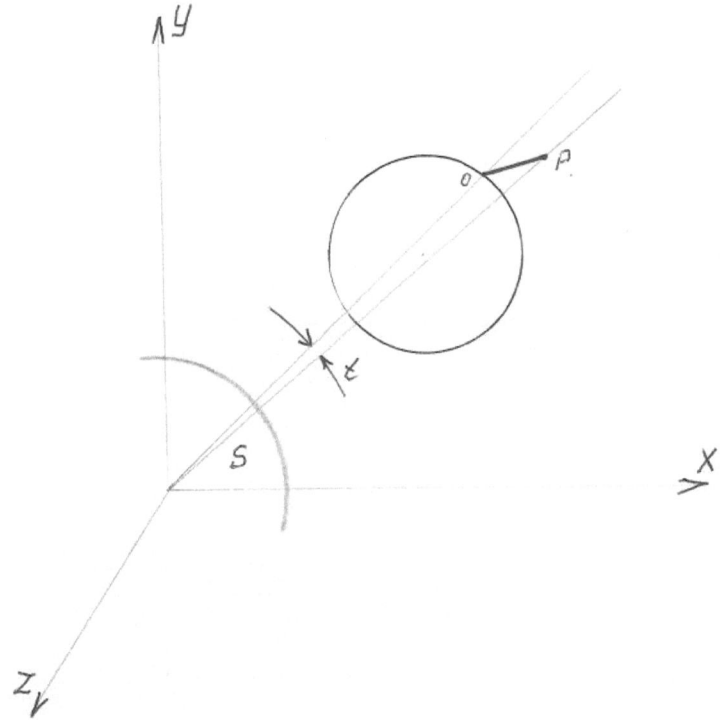

In diesem Fall unseres Geschehens ist der Weg des Lichts auf der Strecke, von Punkt O bis Punkt P.

Das alles schauen wir uns auf der Skizze der nächsten Seite genauer an.

Drei Betrachter beobachten den Weg des Lichts in einem Wagen, der sich mit Geschwindigkeit v in Richtung x-Achse bewegt, dann haben wir:

$$s = vt \longrightarrow s = h$$
$$v = c$$
$$h = ct$$
$$c = const. = 3 \cdot 10^8 \, m \cdot s^{-1}$$
$$c' = c$$

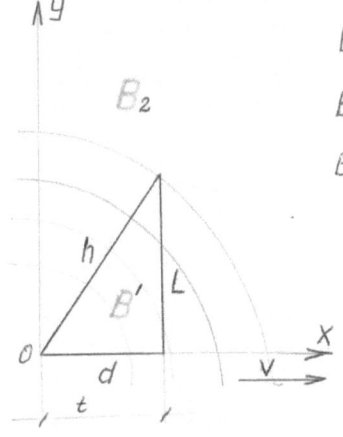

B_1) $h = ct$

B') $L = h \sin L \rightarrow h = \dfrac{L}{\sin L}$

B_2) $d = h \cos L \rightarrow h = \dfrac{d}{\cos L}$

$$B_1 = B' = B_2$$

$$ct = \frac{L}{\sin L} = \frac{d}{\cos L}$$

$$ct = h \frac{\sin L}{\sin L} = h \frac{\cos L}{\cos L}$$

$$ct = ct = ct \qquad /: c$$

$$\boxed{t_{B_1} = t_{B'} = t_{B_2}}$$

Wir sehen, dass jeder Betrachter, ob in Bewegung oder nicht, die gleiche Zeit messen wird.

Wir haben gerade festgestellt, dass alle Betrachter, der Unbewegliche wie auch der im Zug Reisende, die gleiche Zeit messen, was nur logisch ist, weil sich die Erde um die Sonne für alle Beobachter mit gleicher konstanter Geschwindigkeit dreht.

Prüfen wir jetzt, ob das gleiche gilt, wenn wir uns in Richtung der anderen Achsen bewegen. Deshalb kehren wir zurück zu unserem ersten Koordinatensystem, das mit der Sonne verbunden ist.

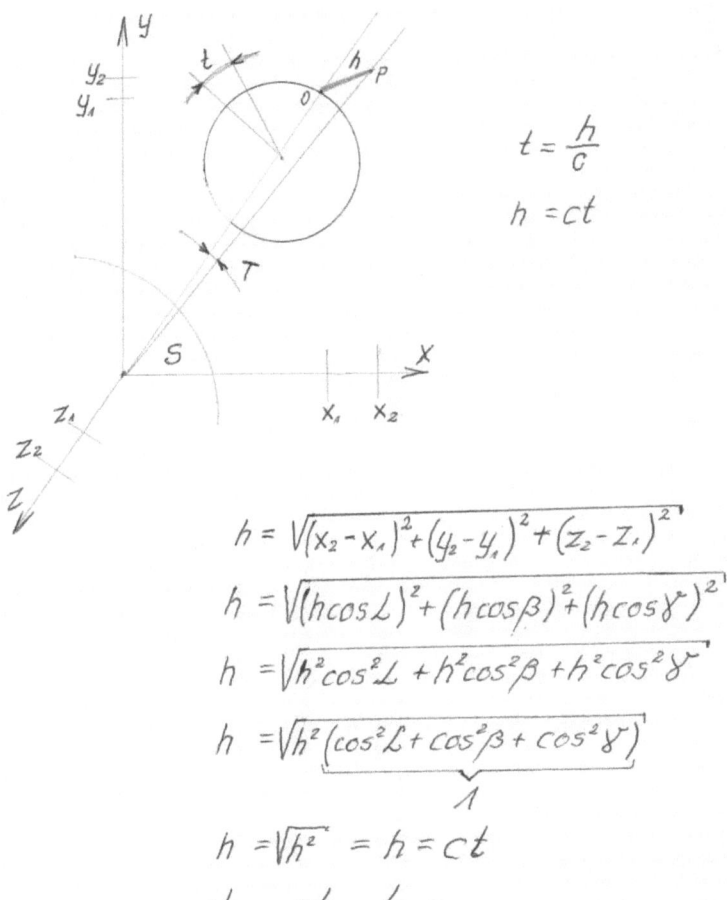

$$t = \frac{h}{c}$$

$$h = ct$$

$$h = \sqrt{(x_2 - x_1)^2 + (y_2 - y_1)^2 + (z_2 - z_1)^2}$$

$$h = \sqrt{(h\cos\angle)^2 + (h\cos\beta)^2 + (h\cos\gamma)^2}$$

$$h = \sqrt{h^2\cos^2\angle + h^2\cos^2\beta + h^2\cos^2\gamma}$$

$$h = \sqrt{h^2 \underbrace{(\cos^2\angle + \cos^2\beta + \cos^2\gamma)}_{1}}$$

$$h = \sqrt{h^2} = h = ct$$

$$ct = ct \quad /: c$$

$$\underline{t = t}$$

Betrachten wir h als Diagonale von einem Quader im Raum, in dem wir die Seiten auf der vorhandenen Achse (x,y,z) projizieren.

Das Geschehen von vorheriger Skizze können wir besser verstehen am Beispiel der Dreitafelprojektion:

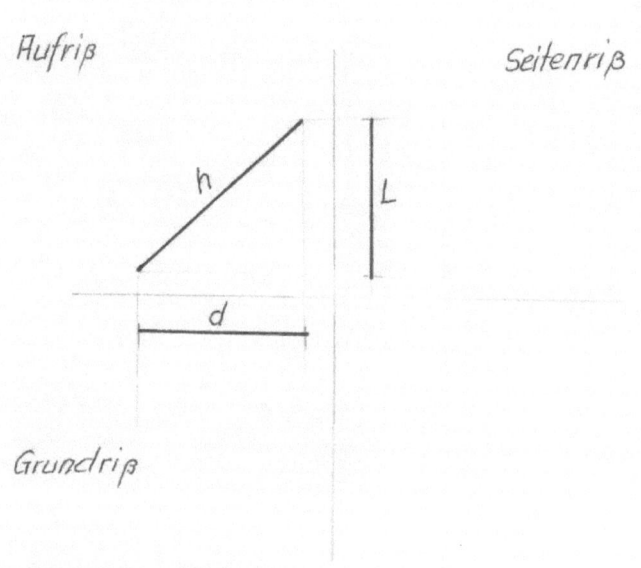

Wir gehen Weg-h- einmal als -d- und einmal als -L-, abgesehen davon aus welche Perspektive wir das beobachten

Jetzt wollen wir uns die Gleichung von A. Einstein genauer anschauen und feststellen, ob es eine Zeitdilatation gibt:

$$t = \frac{t'}{\sqrt{1 - \frac{v^2}{c^2}}}$$

$$c^2 = a^2 + b^2 \qquad (\text{Ptago}$$

$$h^2 = (vt)^2 + (ct')^2$$

$$\left(\frac{ct}{2}\right)^2 = \left(\frac{vt}{2}\right)^2 + \left(\frac{ct'}{2}\right)^2$$

$$(ct)^2 = (vt)^2 + (ct')^2$$

$$ct = \sqrt{(h\cos L)^2 + (h\sin L)^2}$$

$$ct = \sqrt{h^2\cos^2 L + h\sin^2 L}$$

$$ct = \sqrt{h^2(\underbrace{\cos^2 L + \sin^2 L}_{1}}$$

$$ct = \sqrt{h^2}$$

$$ct = ct \qquad /:c$$

$$t = t'$$

Wie wir sehen, entsteht keine Zeitverschiebung, also keine Zeitdilatation. Das heißt, der unbewegliche Betrachter misst die gleiche Zeit, wie der Betrachter in Bewegung (Zugreisender).

Zeit in einem System oder einer Einordnung können wir nicht addieren oder subtrahieren z.B.:

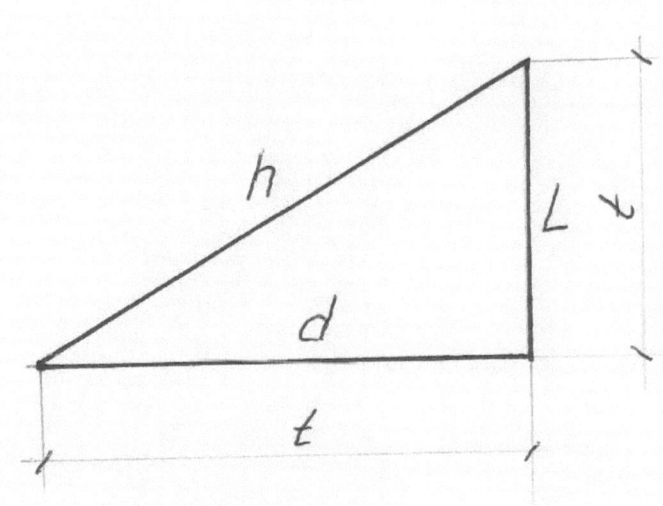

In einem Zeitintervall t entstehen h, d und L. Alle drei Wege (andere Perspektiven) entstehen in der gleichen Zeit t.

Wenn ich sage, dass ich 10 Minuten Auto fahre, dabei 10 Minuten Musik höre und auch 10 Minuten Zigarette rauche, heißt das nicht, dass ich insgesamt 30 Minuten gebraucht habe, da ja nur 10 Minuten verstrichen sind. Die Entstehung von t in Einsteins Überlegungen entspricht nicht der Wahrheit.

$$t = t'$$

Wege aus unterschiedlichen Perspektiven:

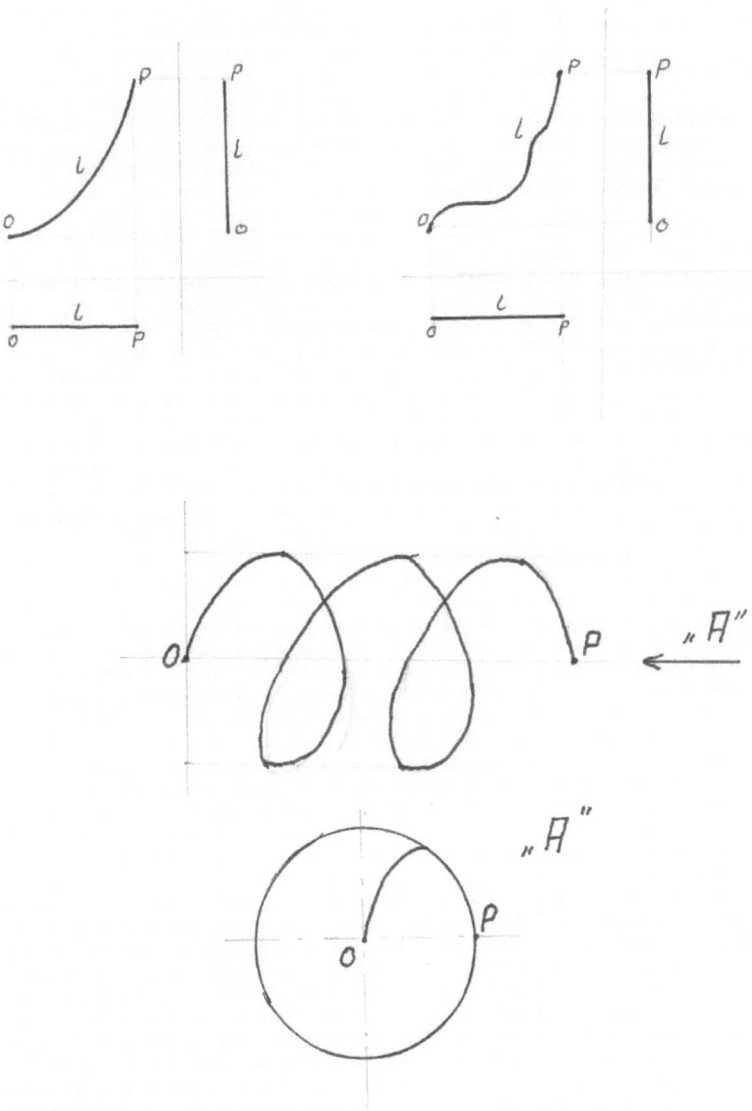

Als Beobachter im Inertialsystem U und U' sehen wir den Ausgangspunkt vom Lichtstrahl in der Zeit t = O = t' an gleicher Stelle. Punkt P, also die Reaktion des Sensors (bzw. Spiegels), erfolgt gleichzeitig für beide Betrachter.

Die Bewegung von System U' spielt keine Rolle, das heißt, sie beeinflusst das Zeitintervall nicht. Für beide Personen sind nur die Punkte bzw. Stellen O und P entscheidend.

Auch im Extremfall, wo der Beobachter in System U'' sich mit Lichtgeschwindigkeit bewegt, sich Punkt P also ständig an gleicher Stelle befindet, entnimmt man die gleiche vergehende Zeit, wie der Betrachter U und U'.

Also noch Mal: Weg und Bewegung beeinflussen die Zeit nicht; ob ich mich nun bewege oder nicht, ich messe die gleiche Zeit - t- in jedem Inertialsystem. Somit gilt also für jeden Betrachter der gleiche Umlauf der Erde um die Sonne. Ich sage aber nicht, dass Zeit absolut ist.

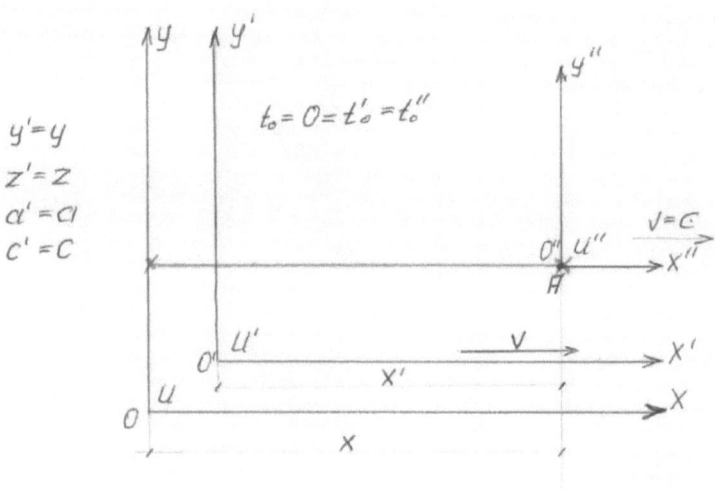

Für beide Systeme ergibt sich die gleiche Lichtgeschwindigkeit:

$$t = \frac{x}{c} \qquad\qquad y' = y \qquad\qquad c = const$$
$$z' = z$$

Hauptvoraussetzung, in Relativitätsmechanik

$$c' = c$$

$$x' = \frac{x - ut}{\sqrt{1 - \frac{u^2}{c^2}}}$$

$$t' = \frac{t - \frac{u}{c^2}x}{\sqrt{1 - \frac{u^2}{c^2}}}$$

$$V' = \frac{x'}{t'} = \frac{x - ut}{\sqrt{1 - \frac{u^2}{c^2}}} \cdot \frac{\sqrt{1 - \frac{u^2}{c^2}}}{t - \frac{u}{c^2}x} =$$

$$= \frac{x - ut}{t - \frac{u}{c^2}x} = \frac{x - ut}{\frac{ct}{c} - \frac{u}{c^2}x} =$$

$$= \frac{x - ut}{\frac{1}{c}\left(ct - \frac{u}{c}x\right)} = \frac{x - u\frac{x}{c}}{\frac{1}{c}\left(x - \frac{u}{c}x\right)} =$$

$$= \frac{1}{\frac{1}{c}} = c$$

Die Zeiten in einem System kann man nicht addieren. Wenn ich zum Beispiel sage, in einem Flugzeug sitzen 100 Passagiere und das Flugzeug fliegt eine Stunde (ein System), bedeutet das nicht, dass das Flugzeug 100 Stunden fliegt, sondern nur eine Stunde.

Das Gleiche gilt auch bei dem U′ im Vergleich zu U. Alles entsteht in einem (t) weil Punkt „P" für beide im gleichen Zeitintervall erscheint.

Kapitel 5

Über Relativität

In der Physik und allgemein in der Natur ist nichts relativ. Anders gesagt, wir haben es nicht mit Relativität zu tun, also auch nicht mit Lichtgeschwindigkeit. Licht bzw. den Lichtstrahl sieht man nicht. Wir haben es mit sofortiger Lichtausbreitung zu tun.

Im letzten Kapitel haben wir Beweise dargelegt, dass die Zeit überhaupt nicht relativ ist. Alles was über Relativität und über Lichtgeschwindigkeit geschrieben wurde, hat mit der realen Welt nichts zu tun. Das sind reine philosophische Spekulationen und Gedankengänge, die nur Chaos bringen. Über Relativität wird dann gesprochen, wenn das physikalische Problem nicht präzise definiert ist.

Als Beispiel führe ich eine einfache Situation vor Augen: ich sitze um die Mittagszeit in einem Raum, in dem die Jalousien geschlossen sind. Ich sage nun, es ist Nacht, weil es dunkel ist. Ein anderer außerhalb des Raums wird sagen, es ist helllichter Tag.

Jemand der eine solche Situation beschreibt, spricht über Relativität. Aber wie oben bereits erwähnt wurde, gibt es in der Natur keine Relativität. Es ist nur eine Frage der Interpretation der Dunkelheit und seiner Entstehung.

Ein ähnliches Beispiel: wenn mich jemand von oben mit einer Gießkanne nass macht, sage ich, es regnet. Ein anderer, der nicht nass wird, sagt, es ist ein schöner, sonniger und trockener Tag.

Auch in diesem Beispiel hat das nichts mit Relativität zu tun, sondern nur mit richtiger und präziser Interpretation, denn jeder Beobachter beschreibt die gleiche physikalische Situation.

Jetzt wollen wir noch ein weiteres Beispiel analysieren. A. Einstein spricht in seiner speziellen Relativitätstheorie über „relative Masse".

$$m = \frac{m_o}{\sqrt{1 - \frac{v^2}{c^2}}}$$

Allgemein ist das Folgende bekannt: um die Masse eines beliebigen Gegenstandes zu ändern, zu vergrößern oder zu verkleinern, muss man zusätzliche Atome oder Moleküle hinzufügen oder herausnehmen. Ohne diese Aktion kann sich Masse nicht verändern.

Relative Masse, wie bei Einsteins Überlegungen, wo sich Masse ändern soll, je mehr der sich bewegende Gegenstand der Geschwindigkeit des Lichts nähert, ist auf Grund unpräziser Interpretationen unkorrekt.

Die Masse ändert sich nicht! Denn wir fügen keine zusätzlichen Atome hinzu, es ändert sich lediglich die Tragkraft (Trägheit Teil 3). Die Tragkraft nimmt zu, je mehr Geschwindigkeit des Gegenstandes zu c treibt.

Wir wissen, dass die Trägheit, die entstanden ist, im Eiretamsfeld gebildet wurde, denn wenn sich beliebige Gegenstände bewegen, dann wird der Schwerpunkt verschoben. Die innere Energieverteilung ändert sich, die Masse allerdings wird beibehalten.

$$m = m_o$$

Kapitel 6

Transformation und Äquivalenzprinzip

Die Gleichheit des Äquivalenzprinzips und der Transformation

Um uns einen Überblick zu verschaffen, eine Ähnlichkeit zwischen beiden Begriffen zu finden, analysieren wir als Beispiel ungedämpfte, harmonische Bewegungen.

$$m \frac{d^2 x}{dt^2} = -kx$$

$$x(t) = A\sin \omega t$$
$$ = A\cos \omega t$$

$$E_G = E_P + E_K$$

$$E_P = \frac{1}{2}kx^2 = \frac{1}{2}m\omega^2 A^2 \sin^2 \omega t$$

$$E_K = \frac{1}{2}mv^2 = \frac{1}{2}m A^2 \omega^2 \cos^2 \omega t$$

$$E_G = \frac{1}{2}m\omega^2 A^2 \sin^2 \omega t + \frac{1}{2}m A^2 \omega^2 \cos^2 \omega t$$

$$E_G = \frac{1}{2}m\omega^2 A^2 \underbrace{\left(\sin^2 \omega t + \cos^2 \omega t\right)}_{1}$$

$$E_G = \frac{1}{2}m\omega^2 A^2$$

An diesem Beispiel sehen wir das sogenannte Äquivalenzprinzip sehr deutlich, wo sich kinetische Energie und Potenzialenergie ergänzen.

$$E_p = 0, \quad x = 0, \quad V = V_{max} = \omega A$$

$$E_K = \frac{1}{2} m \omega^2 A^2$$

$$E_K = 0, \quad x = A, \quad V = 0$$

$$E_p = \frac{1}{2} m \omega^2 A^2$$

Das Äquivalenzprinzip hat schon A. Einstein interpretiert, wo das Verhältnis der schweren zur tragenden Masse für alle Körper gleich ist.

$$Beschleunigung = \frac{Schwere\ Masse}{Tr\ddot{a}ge\ Masse} \cdot \left(\begin{array}{c} Intensitet\ des \\ Schwerfeldes \end{array} \right)$$

(Intensität des Schwerfelds)

Die schwere und die träge Masse eines Körpers sind zueinander gleich. Bei unserem Beispiel mit ungedämpften, harmonischen Bewegungen sehen wir

Potenzialenergie - Gravitation

$$\frac{1}{2} m \omega^2 A^2$$

Kinetische Energie - Trägheit -

Betrachten wir jetzt einige einfache Transformationen im Bereich der klassischen Physik, um bei ihnen Regelmäßigkeiten zu erblicken:

1) Boyle – Mariotesches Gesetz

$$P_1 V_1 = P_2 V_2 = const.$$

Gehen wir noch weiter:

Clapeyronesches Gesetz

$$\frac{pV}{T} = const = \frac{P_0 V_0}{T_0}$$

2) Hebelgesetz

$$F_1 a_1 = F_2 a_2 = const$$

3) Elektrische Transformation

$$J_1 N_1 = J_2 N_2 \qquad \left(\frac{U_1}{U_2} = \frac{N_1}{N_2} \right)$$

4) Druck (Hydraulik)

$$\underbrace{F_1 S_1}_{L} = \underbrace{F_2 S_2}_{R} \qquad \longrightarrow \quad \frac{L}{R} = 1$$

$$X = X'$$

Analysieren wir jetzt noch ein Beispiel aus dem Bereich der Quantenphysik, der schwarzen Strahlung, wo wir es mit dem Äquivalenzprinzip zu tun haben.

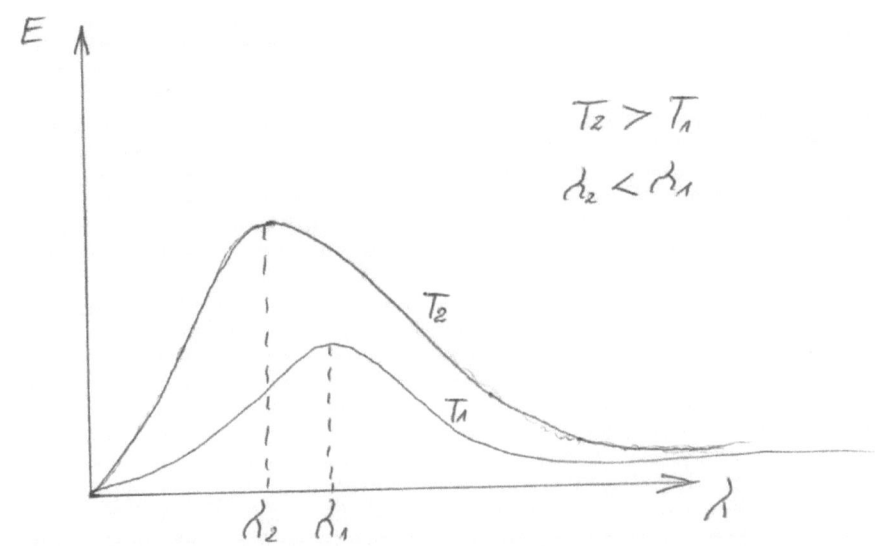

$$T_1 \lambda_1 = T_2 \lambda_2 = const$$

Wiensches Gesetz

$$\lambda_{max} \cdot T = const$$

$$\lambda_{max} \cdot T = const.$$

$$e(\lambda T) - Emissionsvermögen$$

$$a(\lambda T) - Absorptionsvermögen$$

$$\frac{e(\lambda T)}{a(\lambda T)} = \mathcal{E}(\lambda T)$$

$$e_0(\lambda T) = \mathcal{E}_0(\lambda T) = \mathcal{E}(\lambda T) = const.$$

Jemand wird sich wahrscheinlich fragen, wozu all diese Beispiele über Transformationen bzw. Äquivalenzprinzipien. Aber gerade durch diese Beispiele wollte ich zeigen, wie unrealistisch Lorentz' Transformation ist, und wie auf dieser Basis A. Einsteins seine spezielle Relativitätstheorie falsch formuliert hat.

Überdenken wir noch mal die Lorentz Formationen:

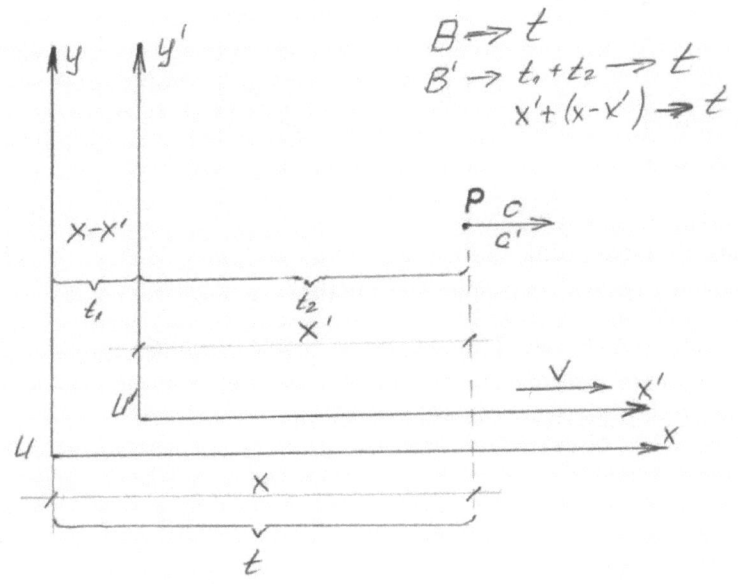

bei $t_o = 0 = t_o'$

$$x' = x - vt$$

$$y' = y$$

$$t' = t$$

Gemäß Galilei gilt:

Der absolute Charakter bei geometrischen Relationen (länger, kürzer), auch bei beiden Inertialsystemen gleicher Zeit.

Einen ähnlichen Standpunkt repräsentiert auch I. Newton. Bei ihm hat außer der Zeit auch der Raum eine (für jeden Betrachter) identische Plattform physikalischer Erscheinungen. Das ist die sogenannte klassische Version der Relativitätstheorie.

Nach den aufgestellten Gleichungen durch J.C. Maxwell (über elektromagnetische Wellen und Induktion), konnte man das alles mit Galileo's Transformationen nicht mehr vereinbaren.

Darum hat H. A. Lorentz seine Transformation aufgestellt: die sogenannte Lorentz-Transformation, bei der Maxwellgleichungen zu jedem Inertialsystem unveränderlich sind.

Lorentz besagt:

$$x' = (x - vt)/K$$

$$y' = y$$

$$t' = \left(-\frac{v}{c^2} x + t\right)/K$$

$$K^2 = 1 - \left(\frac{v}{c}\right)^2$$

$$c = 3 \cdot 10^8 ms^{-1}$$

Nach Einstein gilt: c' = c

Berechnete Zeitdilatation, die selbst Lorentz als "theoretischen Effekt" betrachtet, hat nichts mit der Realität zu tun. Die physikalische Größe "t'" betrachtet er in seinen Gleichungen als mathematischen Parameter, der nichts mit irgendwelchen Uhren zu tun hat.

Folgende Beispiele sollen das bestätigen, in dem wir zwei Inertialsysteme analysieren:

$$(x', y', z')\, t_1', t_2'$$
$$(x_1, y, z)\, t_1$$
$$(x_2, y, z)\, t_2$$

$$X_2 - X_1 = V(t_2 - t_1)$$
$$t_2 - t_1 = \frac{t_2 - t_1}{\sqrt{1 - \frac{v^2}{c^2}}}$$
$$t_2 - t_1 = \Delta t$$
$$t_2' - t_1' = \Delta t'$$
$$\Delta t = \frac{\Delta t'}{\sqrt{1 - \frac{v^2}{c^2}}} \qquad *$$

$*$(aus dem Kapitel $\overline{III}$)

$$(ct)^2 = (vt)^2 + (ct')^2$$
$$h^2 = (h\sin L)^2 + (h\cos L)^2$$
$$h = \sqrt{(h\sin L)^2 + (h\cos L)^2}$$
$$h = \sqrt{h^2 \underbrace{(\sin^2 L + \cos^2 L}_{}}$$
$$h = \sqrt{h^2} = h = ct^1$$

$$ct = ct \quad\longrightarrow\quad c' = c$$

$$\underline{t = t'} \quad\longrightarrow\quad \Delta t = \Delta t'$$

$$\cancel{\Delta t > \Delta t'}$$

Keine Zeit Dylitation

- 100 -

Nach dem resultatlosen Experiment von Michelson-Morley, nimmt A. Einstein an, dass Lichtgeschwindigkeit in jedem Inertialsystem (für jeden Betrachter) gleich ist.

$c' = c$

Das ist die erste Voraussetzung in der speziellen Relativitätstheorie und die zweite Voraussetzung ist (behauptet A. Einstein), dass die Gleichungen der physikalischen Gesetzte gegenüber Lorentz' Transformationen unveränderlich sind.

Aber weil $c' = c$ (Kapitel 2)

und $t' = t$ (Kapitel 3)

Lorentz' Transformation unterliegt nicht den allgemeinen Transformationsprinzipien wie die gezeigten Beispiele am Anfang.

Bei den zwei Inertialsystemen U und U` bewegt sich das Licht gleich schnell (c`= c) und beschreibt den gleichen Weg. Die Bewegung von U` hat keinen Einfluss auf die Länge des Weges und die Geschwindigkeit des Lichts.

Der Beobachter von U sieht Punkt P in gleicher Stelle im Raum wie der Beobachter von U'. Weil beide Beobachter von U und U'-System im gleichen Moment, wo

$$t_o = 0 = t_o'$$

mit dem Messen anfangen und auch beide Punkte P an gleicher Stelle des Raumes beobachten, bedeutet das, dass für die beiden Beobachter die gleiche Zeit vergehen wird.

$t = t'$

Unabhängig von der Auswahl des Koordinatensystems ist auch die Masse des Körpers, das heißt, die Masse des Körpers in Bewegung, gleich (also gleich seiner Ruhemasse). Mehr darüber in Teil 2.

Kapitel 7

Energieformen

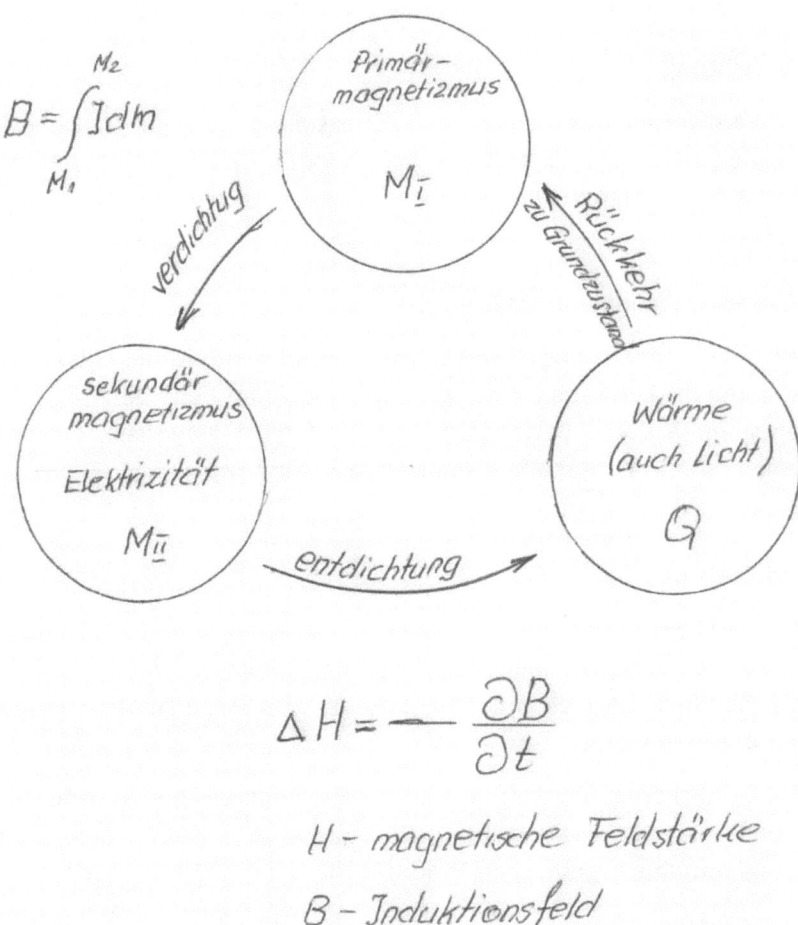

$$B = \int_{M_1}^{M_2} J\,dm$$

Primär-
magnetizmus

$M_{\bar{I}}$

verdichtug

Rückkehr
zu Grundzustand

sekundär
magnetizmus

Elektrizität

$M_{\bar{\bar{II}}}$

entdichtung

Wärme
(auch Licht)

Q

$$\Delta H = -\frac{\partial B}{\partial t}$$

H - magnetische Feldstärke

B - Induktionsfeld

Erklärung zu dem Bild auf der vorherigen Seite:

Primärmagnetismus M1

Verstelltes (deformiertes), inneres Eiretamsfeld bei chemischen Elementen mit magnetischen Eigenschaften, durch fremde Magnetfelder (siehe Teil 1)

Verdichtung

Die Verdichtung des Magnetismus erfolgt durch Bewegung, das heißt, Trägheit im Gravitationsfeld, was uns als Induktion bekannt ist; dadurch erhalten wir Magnetismus II

Sekundärmagnetismus M2

Sekundärmagnetismus ist uns bekannt als Elektrizität, die entstanden ist durch die Zusammensetzung von Magnetismus I und der Trägekraft (entstanden durch Bewegung). Man darf nicht vergessen, dass die Trägekraft das Potenzialfeld veränderte

Enddichtung

Die Enddichtung des Sekundärmagnetismus erfolgt zum Beispiel durch Anschluss verschiedener Elektrogeräte. Beispiel dafür ist der Wärmeeffekt des elektrischen Stroms, des sogenannten Jouléa-Lenzschen Gesetzes.

Die Enddichtung führt zur Rückkehr der Energie über Wärme zum Grundzustand, das heißt, zu <u>Eiretams,</u> was durch das Energieerhaltungsgesetz gewährleistet ist.

Bei Enddichtungsprozessen entsteht eine Energieform, die wir als Wärme entnehmen. Im Sektor von 400nm – 800nm entnehmen wir Wärme weiterhin als Licht. Den Schall registrieren wir analog dazu im Bereich 16Hz – 20000 Hz.

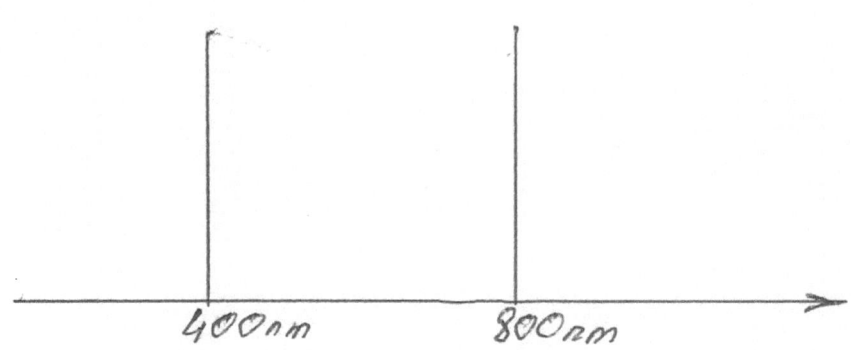

Man darf nicht vergessen, dass man Licht bzw. Lichtstrahlen nicht sieht. Wir sehen nur „angeregte Gegenstände", also Wärmeenergie, die die Gegenstände aufgenommen haben. Dadurch hat sich die innere Energie (der innere Eiretamszustand) verändert.

Kapitel 8

Die Energie

Energie (in jeder Form) kann sich ohne Materie als Transportmittel nicht bewegen. Um Energie zu transportieren, brauchen wir, im Falle des elektrischen Stroms, ein Kabel (Leiter), Ketten und Kolben bei Verbrennungsmotoren, Ölleitungen bei hydraulischen Mechanismen und Luft bei Schallausbreitungen.

Um Wärme zu transportieren, brauchen wir zum Beispiel Flüssigkeiten (Wasser im Heizkörper). Um elektromagnetische "Wellen" zu transportieren, wie zum Beispiel Licht, ist als Kontinuum (Kapitel 2) ein Gravitationsfeld als unverbundene Materie erforderlich. (Mehr zu diesem Thema in Teil 2).

Außer den oben genannten Eigenschaften der Energie wollen wir uns noch eine weitere anschauen. Benennungen wie Magnetismus, Elektrizität oder Wärme, wollen wir weiter beibehalten; es ändert sich jedoch deren Bedeutung.

Ob Magnetismus, Wärme oder Licht, (ja auch Licht): das sind die Energieformen, die man nicht sehen kann. Magnetismus können wir feststellen, in dem wir Gegenstände mit magnetischen Eigenschaften (Eisen, Nickel, Kobalt) in einem magnetischen Feld betrachten (Oersted Experiment). Eine Kompassnadel richtet sich im elektrischen Feld aus.

Ähnliche Beispiele sind Eisenfeilspäne, die sich im magnetischen Feld formieren. Magnetische Felder selbst sieht man nicht. Ähnliche Beispiele sind Gravitationsfelder; wir sehen sie nicht, wir wissen nur, dass dieses Feld auf Gegenstände (Massenbesitzende) einwirkt. Fallbewegung im Gravitationsfeld.

Die gleiche Situation erfahren wir mit <u>Licht</u>. Licht oder Lichtstrahlen sehen wir Menschen nicht; wir sehen nur Gegenstrände (angeregte Gegenstände). Ein Beispiel dafür kann unser Himmelskörper, der Mond, sein. Wenn wir den Mond in der Nacht betrachten, sehen wir, dass der Mond erhellt ist (oder leuchtet), aber die Lichtstrahlen, die zu ihm gelangen, sieht man nicht.

Die Annahme, welche A. Lorentz (bei seiner Transformation) gemacht hat, dass man Licht bzw. Lichtstrahlen in Bezug auf das Koordinatensystem betrachten (analysieren) kann, ist ein Irrtum.

Die Herren (Lorentz, Einstein, Fizeau) ziehen nicht in Betracht, dass sich Licht mit sofortiger Wirkung (unmittelbar) ausbreitet. Für das Licht existiert ein Kontinuum (aber kein Raum).

Wärme und auch Licht entstehen bei der Enddichtung (Entspannung) des verdichteten Magnetismus (siehe Bild I). Damit will ich sagen, dass Wärme (und auch Licht) beim Übergang (Rückkehr) vom Sekundär-magnetismus (Verdichtungsmagnetismus) zum Grundzustand, also zum Primärmagnetismus, die Folge ist.

Über Lichtgeschwindigkeitsmessung

Immer dort, wo wir über Messen sprechen, haben wir es mit Messgeräten zu tun, also Geräten, die materielle Struktur besitzen (Masse besitzen), und deshalb erfordert jeder Messvorgang Zeit.

Was ich sagen will ist, dass wir nicht in der Lage sind, die Geschwindigkeit des Lichtes exakt zu messen. Alle vorhandenen Messgeräte weisen eine Verzögerung (bei der Informations-verarbeitung) auf. Jedes Messinstrument beinhaltet mechanische bzw. elektronische Bauteile, die Zeit benötigen, um die Informationen zu verarbeiten. Kurz gesagt, es entsteht eine Verzögerung, die es uns unmöglich macht, exakte Lichtgeschwindigkeit zu messen.

Weiter wollen wir ein paar Beispiele anführen, um zu zeigen, was gemeint ist:

Beispiel 1:

Wir stecken ein Thermometer in ein Fass (oder einen Behälter) mit heißem Wasser. Erst nach kurzer Zeit beobachten wir das Steigen der Thermometerskala, obwohl die Wärme oder Energie das Thermometer sofort erreicht. Ob wir die molekulare bzw. atomare Bewegung erwähnen oder nicht, spielt keine Rolle. So oder so haben wir es mit Verzögerung zu tun.

Beispiel 2:

Das Einschalten oder Ausschalten einer Glühbirne erfordert eine kurze Zeit, bis sie volle Leistung erreicht, obwohl die elektrische Energie den Faden der Lampe sofort erreicht.

Beispiel 3:

Die Zündung des Gemisches (Luft-Benzin) im Verbrennungsmotor (Otto Motor) erfolgt kurz vor Erreichen des maximalen Punktes (Kolben auf maximaler Position), um maximale Leistung zu erreichen. Wenn sich der Kolben oben befindet, haben wir es auch hier mit Verzug zu tun.

Beispiel 4:

Wenn man Wärmeenergie in einem Zimmer oder Raum befördert, dann spüren wir die Wärme erst nach einiger Zeit, obwohl Wärmeenergie schon im Raum ist.

Wenn man nun alles betrachtet, was wir über Magnetismus bzw. Materie und Energie und auch Gravitation dargelegt haben, können wir behaupten, dass wir es in der Natur nur mit einer Energieform zu tun haben und die heißt **Eiretam**, mit seinen unterschiedlichen Konzentrationen bzw. Dichten.

In einem Fall ist das das Gravitationsfeld (und seine Streifen), in einem anderen Magentismus, wo das Eiretam im inneren des Körpers verschoben ist.

Ein gutes Beispiel liefert uns auch der Fall der Trägheit, wo durch Bewegung erst das Eiretam im Inneren des Körpers verschoben wird. Dadurch wird das Gravitationsfeld der hinter sich bewegenden materiellen Gegenstände verdichtet.

Diese neue Sicht auf physikalische Problematiken unterscheidet sich ganz erheblich von der bisherigen. Das Eiretam ist eine gute Erklärung für alle geheimnisvollen Erscheinungen in der Natur. Das Eiretam gibt uns die Möglichkeit, die Bedeutung von Raum zu verstehen. Dadurch können wir die Funktionsweise von Gravitation und anderen Prozessen besser betrachten.

Im Eiretam findet man die Erklärung, warum manche Wissenschaftler bis heute über sogenannte schwarze Materie bzw. dunkle Energie sprechen. Andere wiederum über Äther und andere gar über Geister. Das alles befindet sich im masselosen, unmessbaren und sich unter dem absoluten Null versteckten „Gebilde", dem sogenannten **Eiretam**.